# 中国生态水文数据图集

张永强　田 静　马 宁　张选泽 等　著

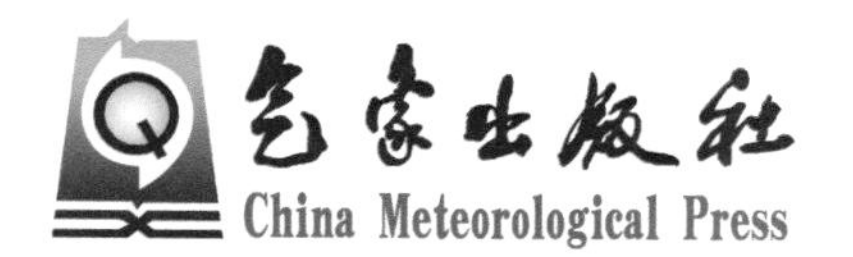

图书在版编目（CIP）数据

中国生态水文数据图集 / 张永强等著. -- 北京 :
气象出版社, 2021.12
ISBN 978-7-5029-7628-6

Ⅰ. ①中… Ⅱ. ①张… Ⅲ. ①水文资料－中国－图集
Ⅳ. ①P337.2-64

中国版本图书馆CIP数据核字(2021)第259641号

**审图号：GS（2021）7316 号**

**中国生态水文数据图集**

ZHONGGUO SHENGTAI SHUIWEN SHUJU TUJI

出版发行：气象出版社
地 址：北京市海淀区中关村南大街 46 号 邮政编码：100081
电 话：010-68407112（总编室） 010-68408042（发行部）
网 址：http：//www.qxcbs.com E-mail： qxcbs@cma.gov.cn
责任编辑：蔺学东 终 审：吴晓鹏
责任校对：张硕杰 责任技编：赵相宁
封面设计：艺点设计
印 刷：北京建宏印刷有限公司
开 本：880 mm×1230 mm 1/16 印 张：9.75
字 数：280 千字
版 次：2021 年 12 月第 1 版 印 次：2021 年 12 月第 1 次印刷
定 价：120.00 元

# 《中国生态水文数据图集》编委会

# 前　言

中国幅员辽阔，地形和气候条件复杂，生态系统类型多样，因此生态水文特征呈现显著的时空变异。地表总蒸散发、植被蒸腾、土壤蒸发、冠层截留蒸发、叶面积指数、植被水分利用效率、生态系统水分利用效率、植被生产力和土壤水分是关键的生态水文要素，它们之间密切联系、相互影响。蒸散发及其分量（植被蒸腾、土壤蒸发、冠层截留蒸发）贯穿于大气、水体、土壤、岩石、生物等多圈层，是地球表层系统最为活跃的物质和能量转换过程，其时空动态变化直接影响着区域水热过程、水旱灾害和生态系统服务功能。叶面积指数是极其重要的植被特征，能直接反映出在多样化尺度的植物冠层中的能量、水、$CO_2$ 及其他物质循环。它也与许多生态过程直接相关，例如蒸散发、土壤水分平衡、光合作用、生物量累积等。植被和生态系统水分利用效率直接联系着碳循环与水循环，是陆地生态系统最重要的生理过程之一，也是评价植被对不同环境适应性的关键指标之一，对于理解不同植被类型对全球变化的响应和适应机制提供重要依据。植被生产力是对植被固碳能力的定量指征，对陆地生态系统碳循环具有一定研究价值。土壤水分参与岩石圈－生物圈－大气圈－水圈的水分大循环，是生态、气候、农业和水文领域研究的关键要素，与蒸散发、植被水分利用效率和植被生长密切相关。

本数据集展示了2003—2017年中国区域上述9个生态水文要素的月平均值和年平均值，每个变量有13幅图，共117幅图。其中，地表总蒸散发及其分量、植被和生态系统水分利用效率，植被生产力由遥感蒸散发模型PML-V2估算而得。该模型在Penman-Monteith-Leuning (PML) 模型的基础上，根据气孔导度理论耦合植被蒸腾过程与光合作用过程，使得两个作用相互制衡，从而提高蒸散发、水分利用效率和植被生产力的模拟精度。利用该模型生产的全球500 m空间分辨率、8 d时间分辨率的数据产品已经得到国内外学者的普遍使用。本数据集的表层土壤水分（0~5 cm）数据通过对AMSR-E和AMSR-2的表层土壤水分产品降尺度而得，空间分辨率从36 km提升至1 km。该数据已经在国家青藏高原科学数据中心发布。

叶面积指数是 PML–V2 模型计算蒸散发的关键输入变量，可以充分展示中国区域植被条件的时空变化。本数据集中的叶面积指数来源于 MODIS 数据产品，原始数据经过平滑滤波处理（weighted Whittaker with dynamic lambda），有效地消除了异常值和空缺值。

本数据集对于揭示中国区域生态水文要素的分异特征及变化规律，理解蒸散发、植被生产力、叶面积指数和土壤水分对中国区域水热条件、下垫面及气候变化的响应及其影响，解析人类活动与自然变化对生态水文过程的影响机理以及它们的生态环境效应等具有重要意义。

作　者

2021 年 9 月

# 目　录

前　言

图组 1　中国区域植被蒸腾时空分布 …… 1

图 1　2003—2017 年平均 1 月植被蒸腾空间分布 …… 3
图 2　2003—2017 年平均 2 月植被蒸腾空间分布 …… 4
图 3　2003—2017 年平均 3 月植被蒸腾空间分布 …… 5
图 4　2003—2017 年平均 4 月植被蒸腾空间分布 …… 6
图 5　2003—2017 年平均 5 月植被蒸腾空间分布 …… 7
图 6　2003—2017 年平均 6 月植被蒸腾空间分布 …… 8
图 7　2003—2017 年平均 7 月植被蒸腾空间分布 …… 9
图 8　2003—2017 年平均 8 月植被蒸腾空间分布 …… 10
图 9　2003—2017 年平均 9 月植被蒸腾空间分布 …… 11
图 10　2003—2017 年平均 10 月植被蒸腾空间分布 …… 12
图 11　2003—2017 年平均 11 月植被蒸腾空间分布 …… 13
图 12　2003—2017 年平均 12 月植被蒸腾空间分布 …… 14
图 13　2003—2017 年平均年植被蒸腾空间分布 …… 15

图组 2　中国区域冠层截留蒸发时空分布 …… 17

图 14　2003—2017 年平均 1 月冠层截留蒸发空间分布 …… 19
图 15　2003—2017 年平均 2 月冠层截留蒸发空间分布 …… 20

图 16　2003—2017 年平均 3 月冠层截留蒸发空间分布 …………………………………… 21
图 17　2003—2017 年平均 4 月冠层截留蒸发空间分布 …………………………………… 22
图 18　2003—2017 年平均 5 月冠层截留蒸发空间分布 …………………………………… 23
图 19　2003—2017 年平均 6 月冠层截留蒸发空间分布 …………………………………… 24
图 20　2003—2017 年平均 7 月冠层截留蒸发空间分布 …………………………………… 25
图 21　2003—2017 年平均 8 月冠层截留蒸发空间分布 …………………………………… 26
图 22　2003—2017 年平均 9 月冠层截留蒸发空间分布 …………………………………… 27
图 23　2003—2017 年平均 10 月冠层截留蒸发空间分布 …………………………………… 28
图 24　2003—2017 年平均 11 月冠层截留蒸发空间分布 …………………………………… 29
图 25　2003—2017 年平均 12 月冠层截留蒸发空间分布 …………………………………… 30
图 26　2003—2017 年平均年冠层截留蒸发空间分布 …………………………………… 31

图组 3　中国区域土壤蒸发时空分布 …………………………………… 33

图 27　2003—2017 年平均 1 月土壤蒸发空间分布 …………………………………… 35
图 28　2003—2017 年平均 2 月土壤蒸发空间分布 …………………………………… 36
图 29　2003—2017 年平均 3 月土壤蒸发空间分布 …………………………………… 37
图 30　2003—2017 年平均 4 月土壤蒸发空间分布 …………………………………… 38
图 31　2003—2017 年平均 5 月土壤蒸发空间分布 …………………………………… 39
图 32　2003—2017 年平均 6 月土壤蒸发空间分布 …………………………………… 40
图 33　2003—2017 年平均 7 月土壤蒸发空间分布 …………………………………… 41
图 34　2003—2017 年平均 8 月土壤蒸发空间分布 …………………………………… 42
图 35　2003—2017 年平均 9 月土壤蒸发空间分布 …………………………………… 43
图 36　2003—2017 年平均 10 月土壤蒸发空间分布 …………………………………… 44
图 37　2003—2017 年平均 11 月土壤蒸发空间分布 …………………………………… 45
图 38　2003—2017 年平均 12 月土壤蒸发空间分布 …………………………………… 46
图 39　2003—2017 年平均年土壤蒸发空间分布 …………………………………… 47

## 图组 4 中国区域蒸散发时空分布 ······ 49

图 40 2003—2017 年平均 1 月蒸散发空间分布 ······ 51
图 41 2003—2017 年平均 2 月蒸散发空间分布 ······ 52
图 42 2003—2017 年平均 3 月蒸散发空间分布 ······ 53
图 43 2003—2017 年平均 4 月蒸散发空间分布 ······ 54
图 44 2003—2017 年平均 5 月蒸散发空间分布 ······ 55
图 45 2003—2017 年平均 6 月蒸散发空间分布 ······ 56
图 46 2003—2017 年平均 7 月蒸散发空间分布 ······ 57
图 47 2003—2017 年平均 8 月蒸散发空间分布 ······ 58
图 48 2003—2017 年平均 9 月蒸散发空间分布 ······ 59
图 49 2003—2017 年平均 10 月蒸散发空间分布 ······ 60
图 50 2003—2017 年平均 11 月蒸散发空间分布 ······ 61
图 51 2003—2017 年平均 12 月蒸散发空间分布 ······ 62
图 52 2003—2017 年平均年蒸散发空间分布 ······ 63

## 图组 5 中国区域生态系统水分利用效率时空分布 ······ 65

图 53 2003—2017 年平均 1 月生态系统水分利用效率空间分布 ······ 67
图 54 2003—2017 年平均 2 月生态系统水分利用效率空间分布 ······ 68
图 55 2003—2017 年平均 3 月生态系统水分利用效率空间分布 ······ 69
图 56 2003—2017 年平均 4 月生态系统水分利用效率空间分布 ······ 70
图 57 2003—2017 年平均 5 月生态系统水分利用效率空间分布 ······ 71
图 58 2003—2017 年平均 6 月生态系统水分利用效率空间分布 ······ 72
图 59 2003—2017 年平均 7 月生态系统水分利用效率空间分布 ······ 73
图 60 2003—2017 年平均 8 月生态系统水分利用效率空间分布 ······ 74
图 61 2003—2017 年平均 9 月生态系统水分利用效率空间分布 ······ 75
图 62 2003—2017 年平均 10 月生态系统水分利用效率空间分布 ······ 76
图 63 2003—2017 年平均 11 月生态系统水分利用效率空间分布 ······ 77

图 64　2003—2017 年平均 12 月生态系统水分利用效率空间分布 …………………… 78
图 65　2003—2017 年平均年生态系统水分利用效率空间分布 ………………………… 79

## 图组 6　中国区域植被水分利用效率时空分布 ………………………… 81

图 66　2003—2017 年平均 1 月植被水分利用效率空间分布 …………………………… 83
图 67　2003—2017 年平均 2 月植被水分利用效率空间分布 …………………………… 84
图 68　2003—2017 年平均 3 月植被水分利用效率空间分布 …………………………… 85
图 69　2003—2017 年平均 4 月植被水分利用效率空间分布 …………………………… 86
图 70　2003—2017 年平均 5 月植被水分利用效率空间分布 …………………………… 87
图 71　2003—2017 年平均 6 月植被水分利用效率空间分布 …………………………… 88
图 72　2003—2017 年平均 7 月植被水分利用效率空间分布 …………………………… 89
图 73　2003—2017 年平均 8 月植被水分利用效率空间分布 …………………………… 90
图 74　2003—2017 年平均 9 月植被水分利用效率空间分布 …………………………… 91
图 75　2003—2017 年平均 10 月植被水分利用效率空间分布 ………………………… 92
图 76　2003—2017 年平均 11 月植被水分利用效率空间分布 ………………………… 93
图 77　2003—2017 年平均 12 月植被水分利用效率空间分布 ………………………… 94
图 78　2003—2017 年平均年植被水分利用效率空间分布 ……………………………… 95

## 图组 7　中国区域总初级生产力时空分布 ………………………………… 97

图 79　2003—2017 年平均 1 月总初级生产力空间分布 ………………………………… 99
图 80　2003—2017 年平均 2 月总初级生产力空间分布 ………………………………… 100
图 81　2003—2017 年平均 3 月总初级生产力空间分布 ………………………………… 101
图 82　2003—2017 年平均 4 月总初级生产力空间分布 ………………………………… 102
图 83　2003—2017 年平均 5 月总初级生产力空间分布 ………………………………… 103
图 84　2003—2017 年平均 6 月总初级生产力空间分布 ………………………………… 104
图 85　2003—2017 年平均 7 月总初级生产力空间分布 ………………………………… 105
图 86　2003—2017 年平均 8 月总初级生产力空间分布 ………………………………… 106

图 87　2003—2017 年平均 9 月总初级生产力空间分布 …… 107
图 88　2003—2017 年平均 10 月总初级生产力空间分布 …… 108
图 89　2003—2017 年平均 11 月总初级生产力空间分布 …… 109
图 90　2003—2017 年平均 12 月总初级生产力空间分布 …… 110
图 91　2003—2017 年平均年总初级生产力空间分布 …… 111

图组 8　中国区域叶面积指数时空分布 …… 113

图 92　2003—2017 年平均 1 月叶面积指数空间分布 …… 115
图 93　2003—2017 年平均 2 月叶面积指数空间分布 …… 116
图 94　2003—2017 年平均 3 月叶面积指数空间分布 …… 117
图 95　2003—2017 年平均 4 月叶面积指数空间分布 …… 118
图 96　2003—2017 年平均 5 月叶面积指数空间分布 …… 119
图 97　2003—2017 年平均 6 月叶面积指数空间分布 …… 120
图 98　2003—2017 年平均 7 月叶面积指数空间分布 …… 121
图 99　2003—2017 年平均 8 月叶面积指数空间分布 …… 122
图 100　2003—2017 年平均 9 月叶面积指数空间分布 …… 123
图 101　2003—2017 年平均 10 月叶面积指数空间分布 …… 124
图 102　2003—2017 年平均 11 月叶面积指数空间分布 …… 125
图 103　2003—2017 年平均 12 月叶面积指数空间分布 …… 126
图 104　2003—2017 年平均年叶面积指数空间分布 …… 127

图组 9　中国区域表层土壤水分时空分布 …… 129

图 105　2003—2017 年平均 1 月表层土壤水分空间分布 …… 131
图 106　2003—2017 年平均 2 月表层土壤水分空间分布 …… 132
图 107　2003—2017 年平均 3 月表层土壤水分空间分布 …… 133
图 108　2003—2017 年平均 4 月表层土壤水分空间分布 …… 134
图 109　2003—2017 年平均 5 月表层土壤水分空间分布 …… 135

# 图组 1
## 中国区域植被蒸腾时空分布

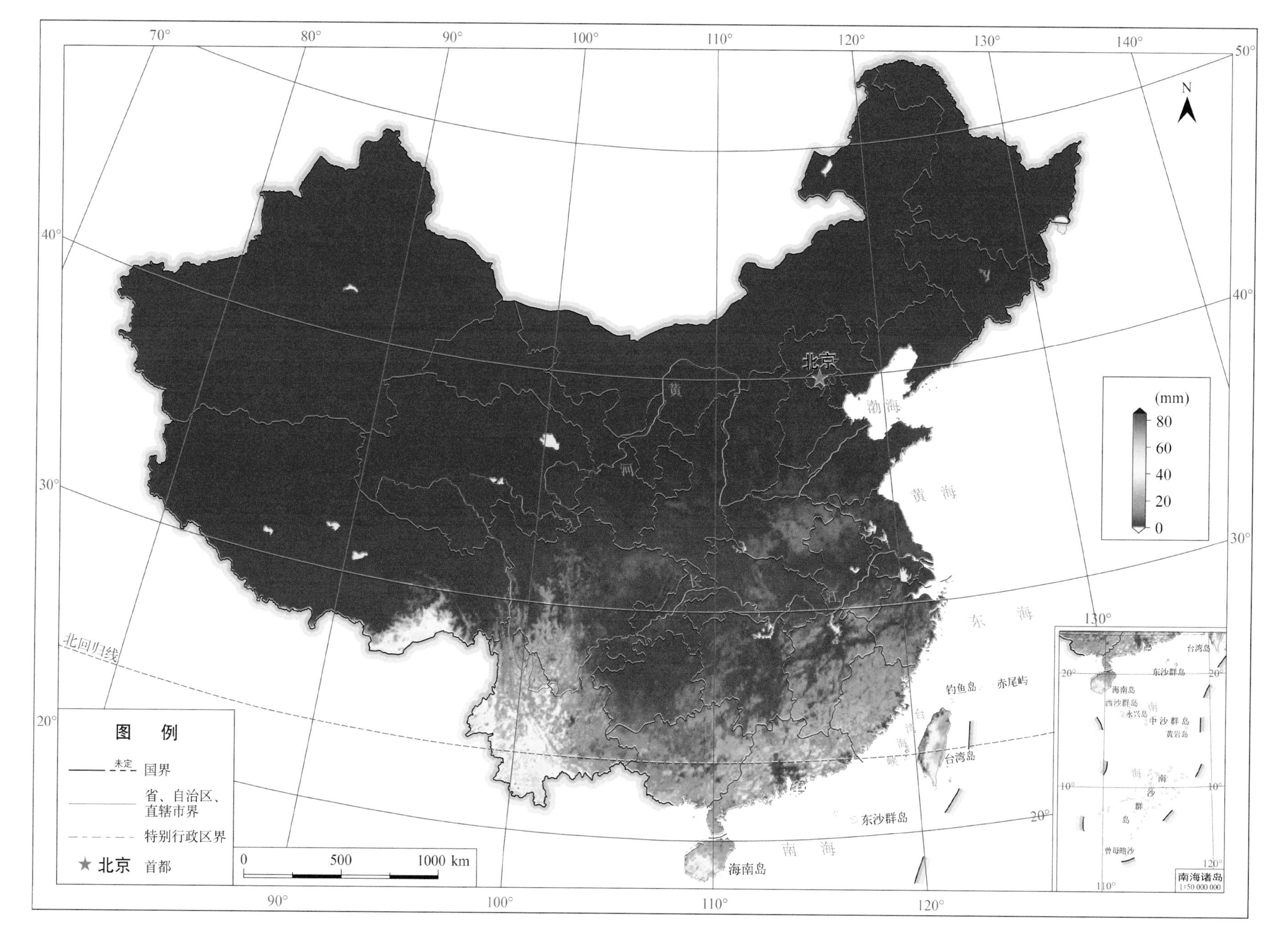


图1 2003—2017年平均1月植被蒸腾空间分布

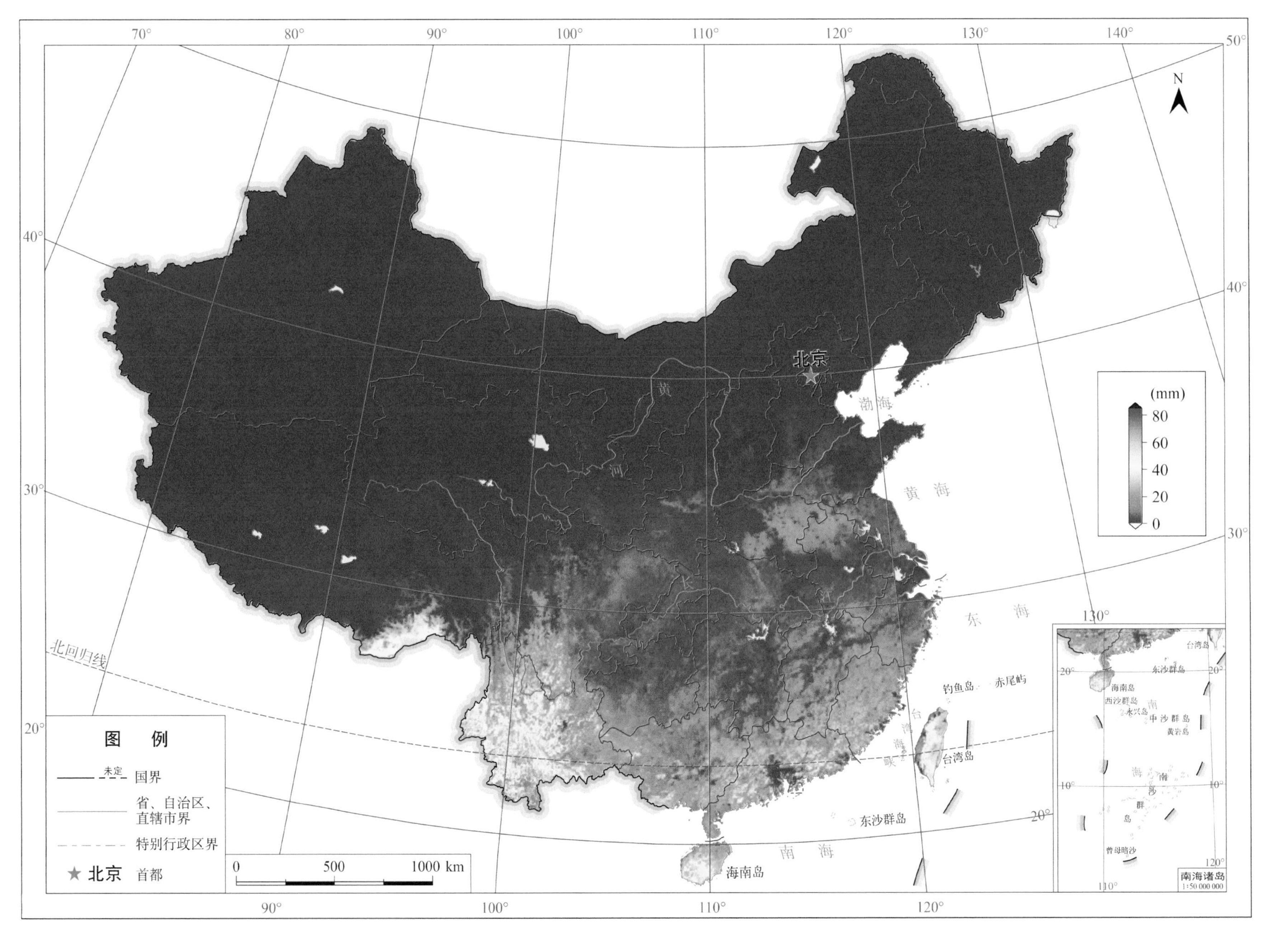


图2 2003—2017年平均2月植被蒸腾空间分布

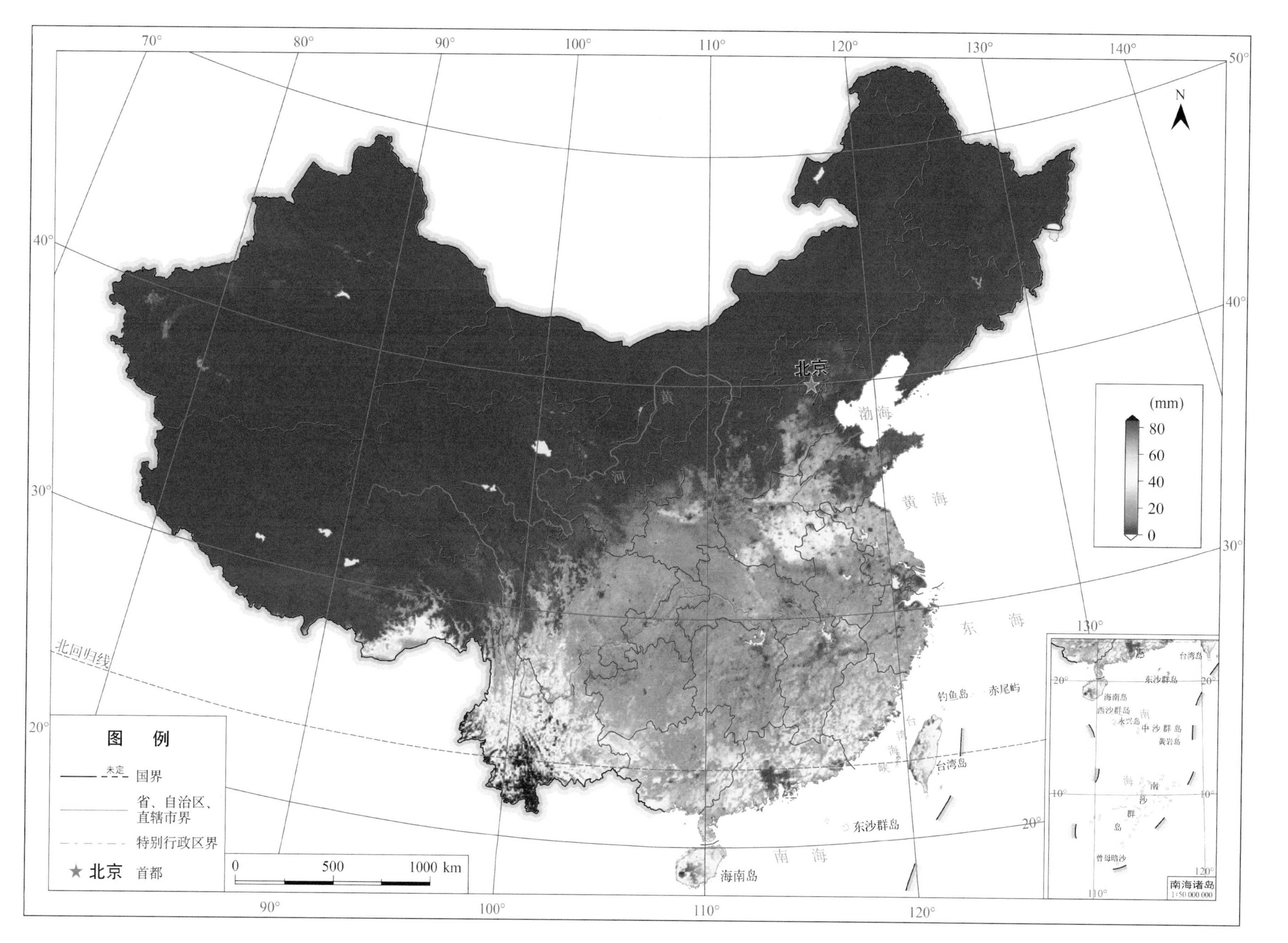


图3 2003—2017年平均3月植被蒸腾空间分布

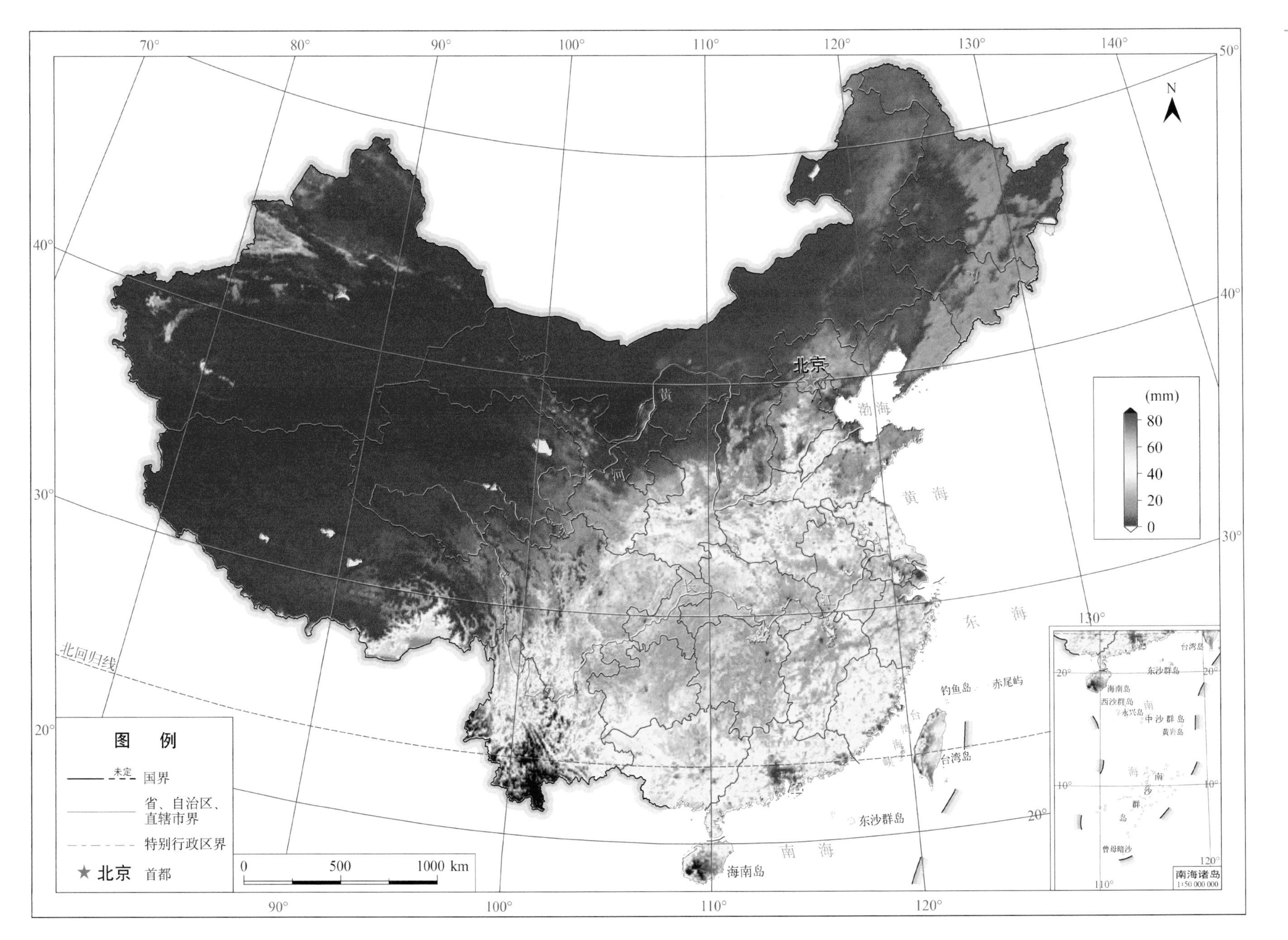


图 4　2003—2017 年平均 4 月植被蒸腾空间分布

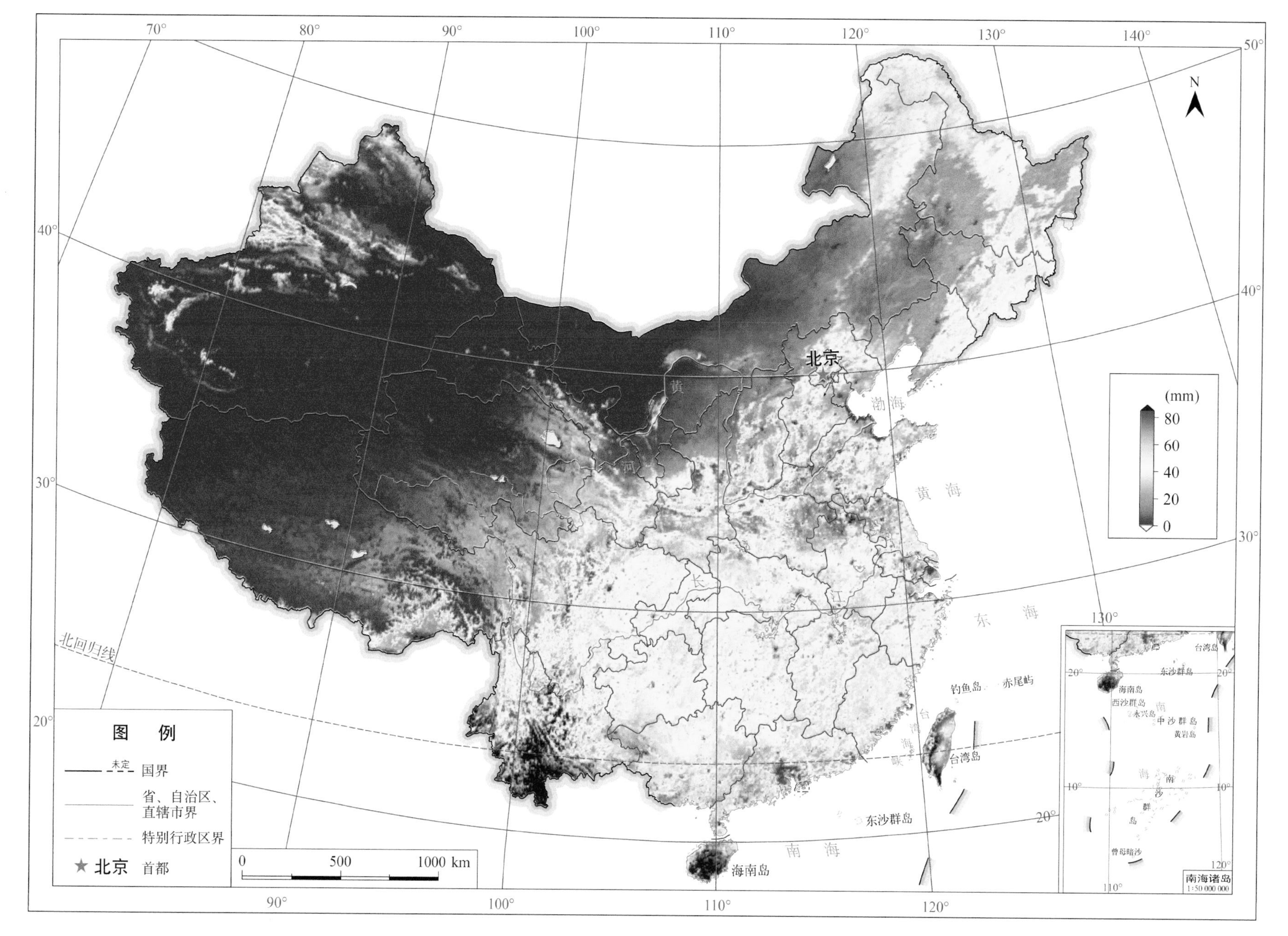


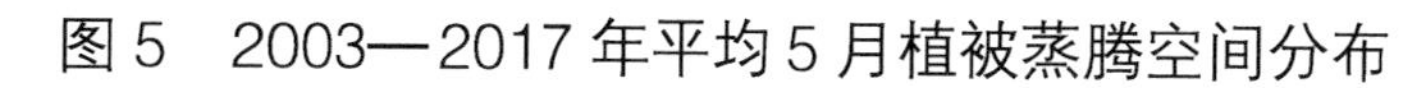
图5 2003—2017年平均5月植被蒸腾空间分布

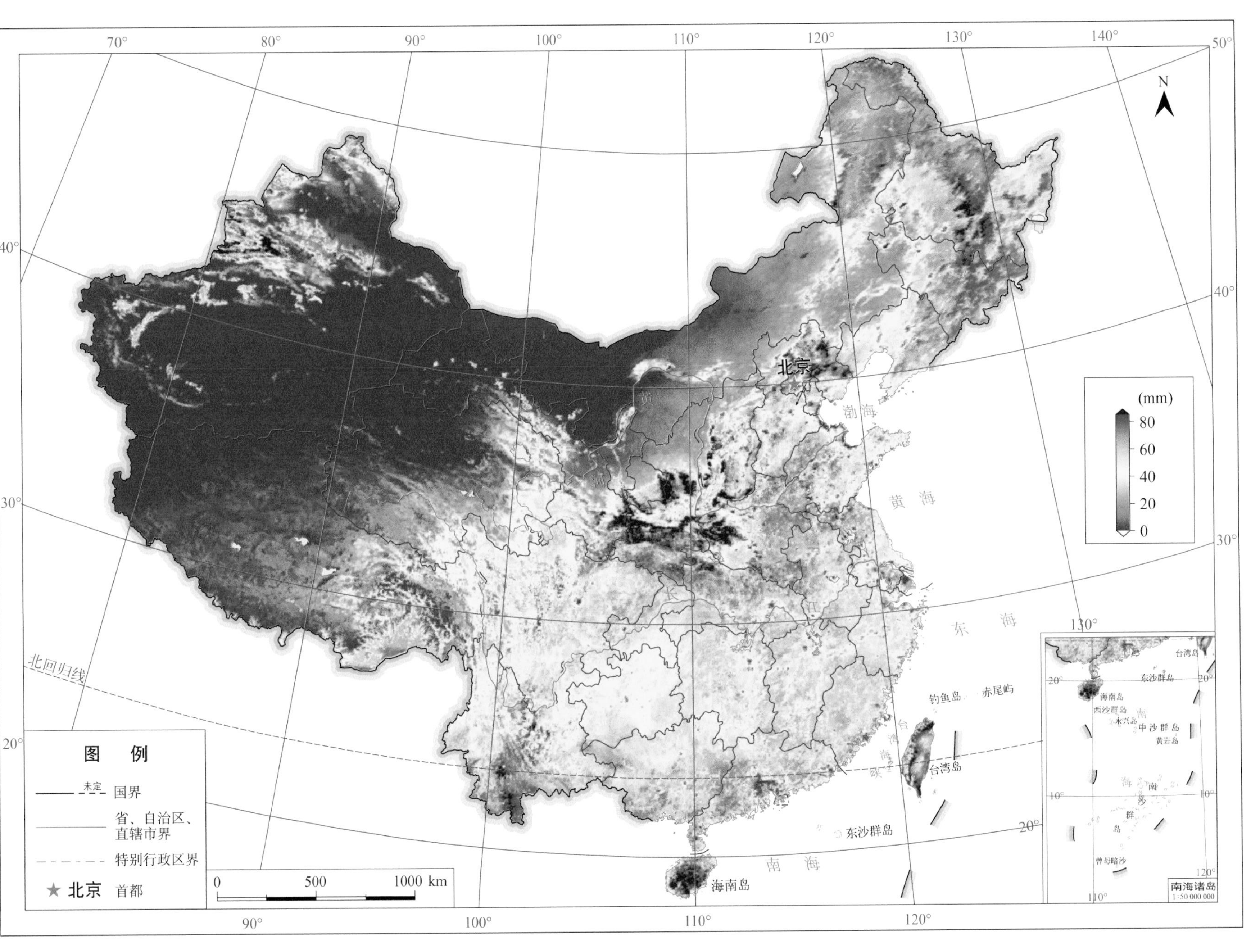


图6　2003—2017年平均6月植被蒸腾空间分布

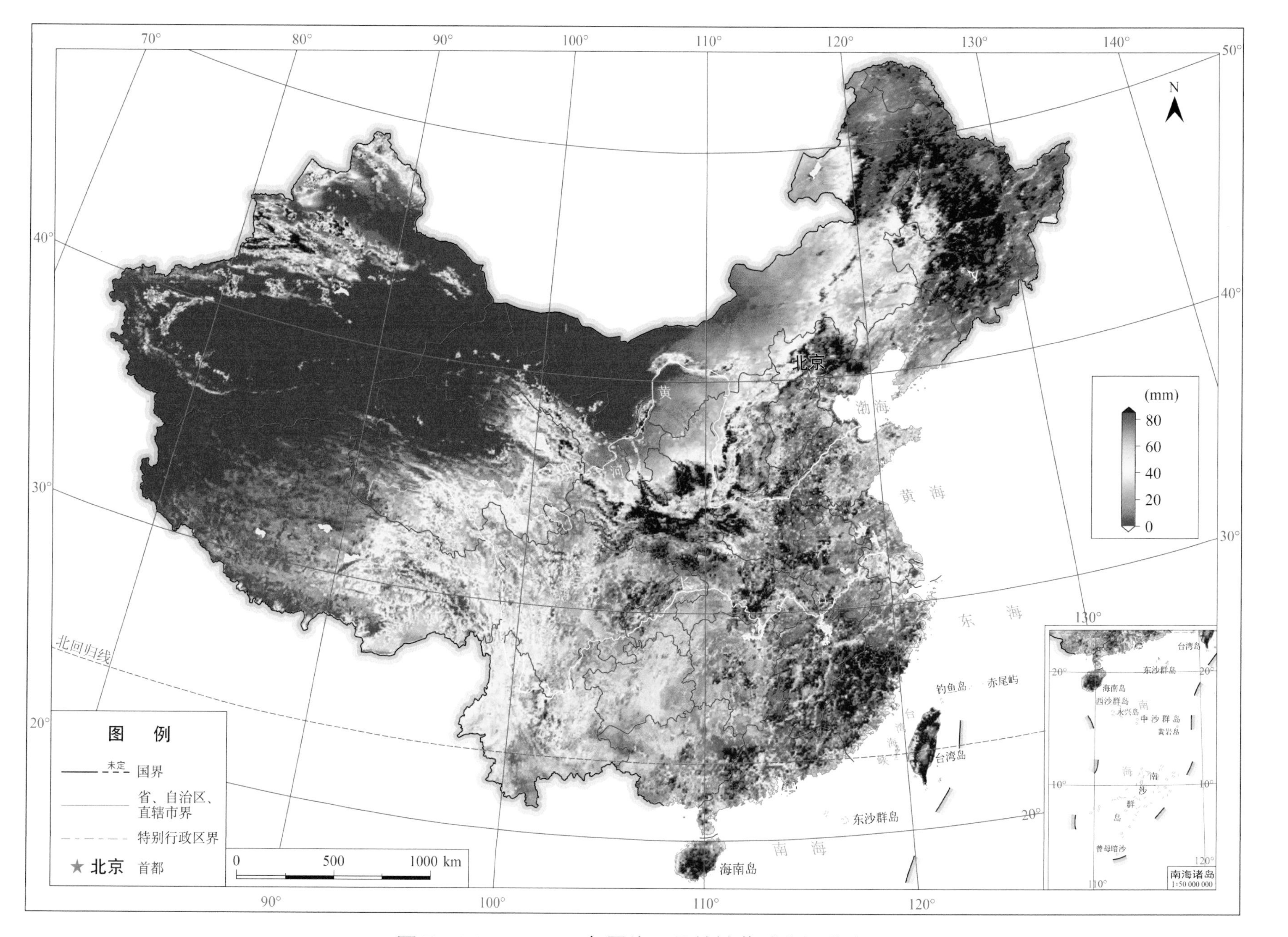


图7 2003—2017年平均7月植被蒸腾空间分布

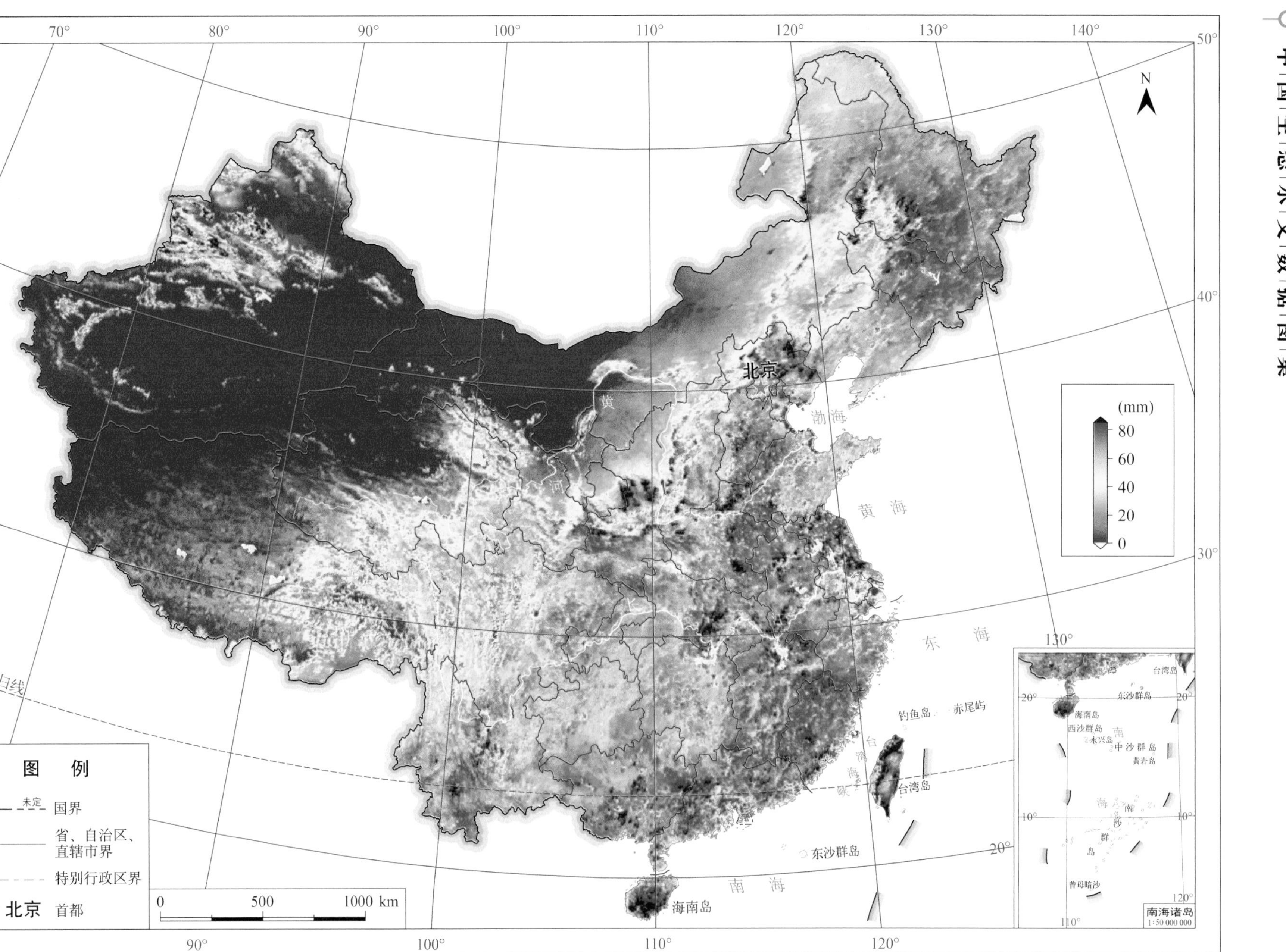


图8 2003—2017年平均8月植被蒸腾空间分布

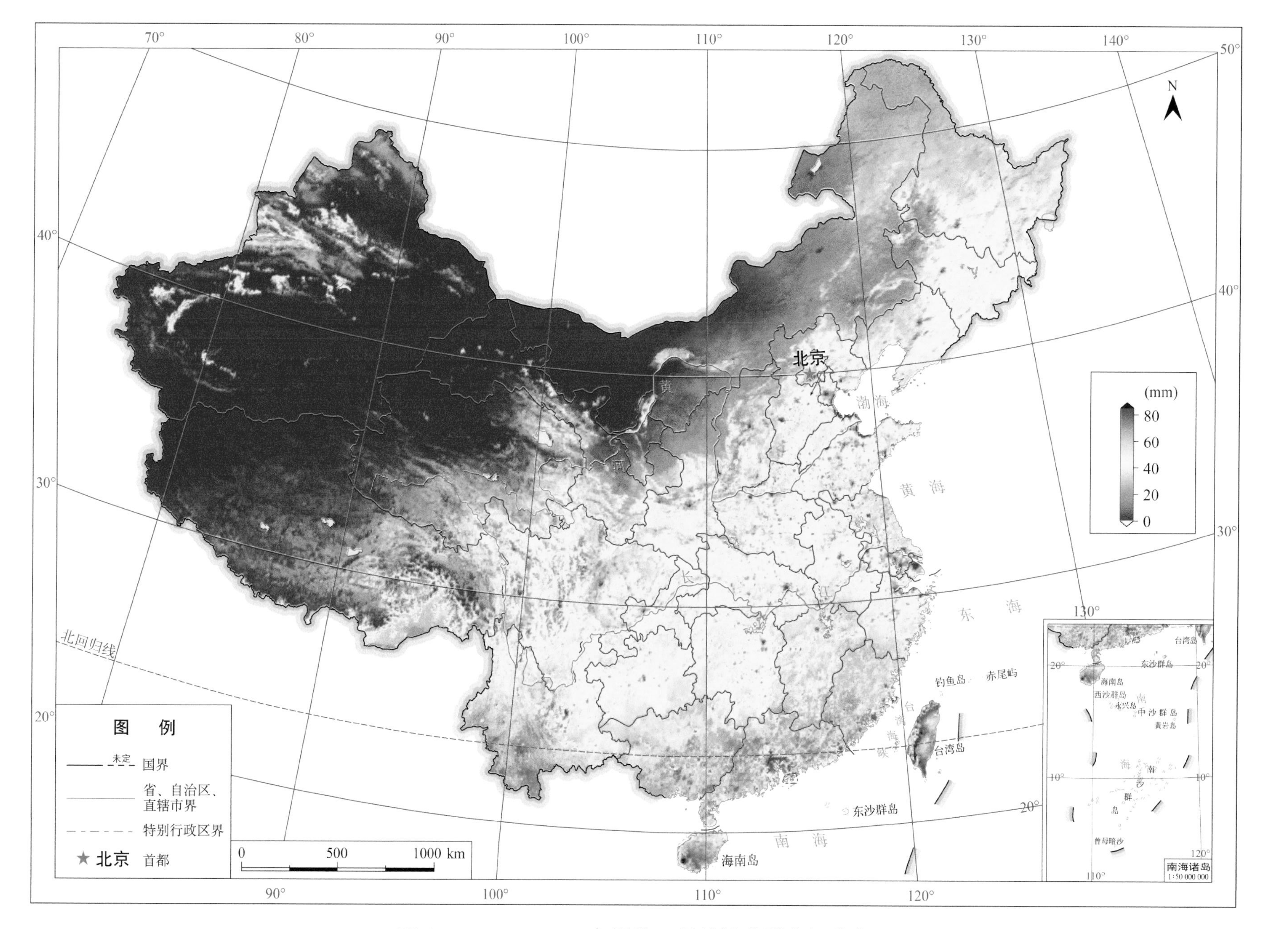


图9 2003—2017年平均9月植被蒸腾空间分布

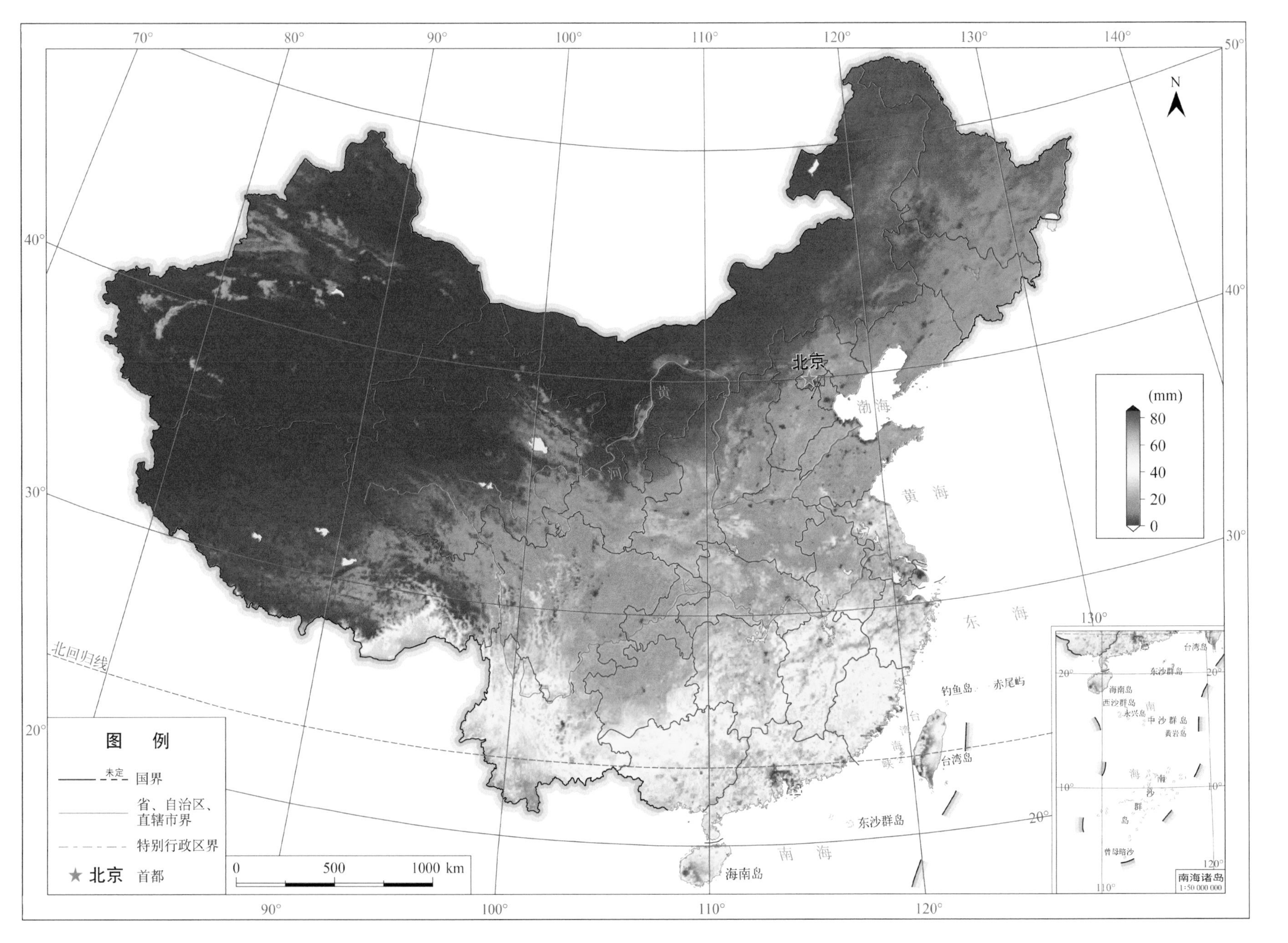


图10 2003—2017年平均10月植被蒸腾空间分布

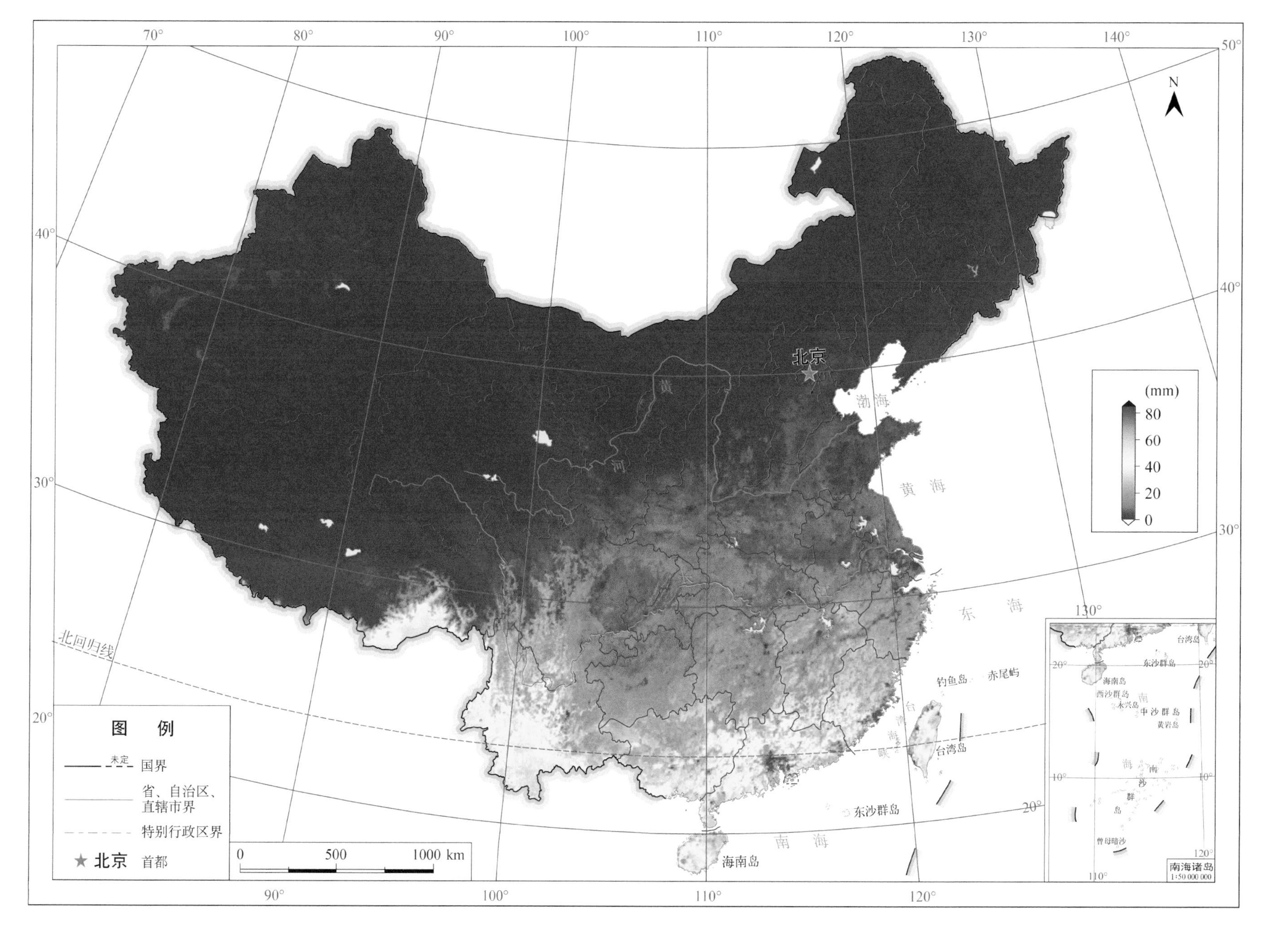


图 11　2003—2017 年平均 11 月植被蒸腾空间分布

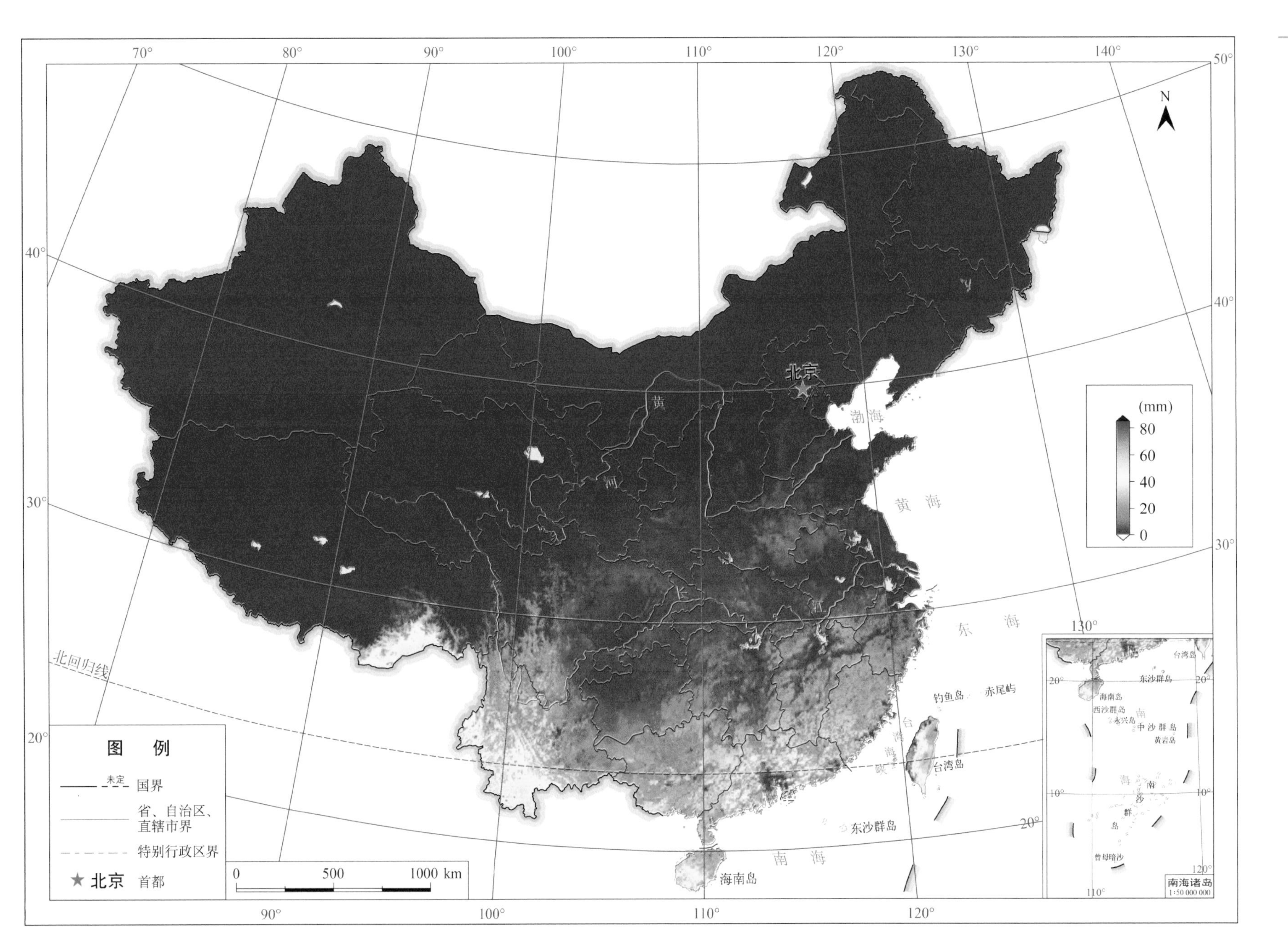


图12 2003—2017年平均12月植被蒸腾空间分布

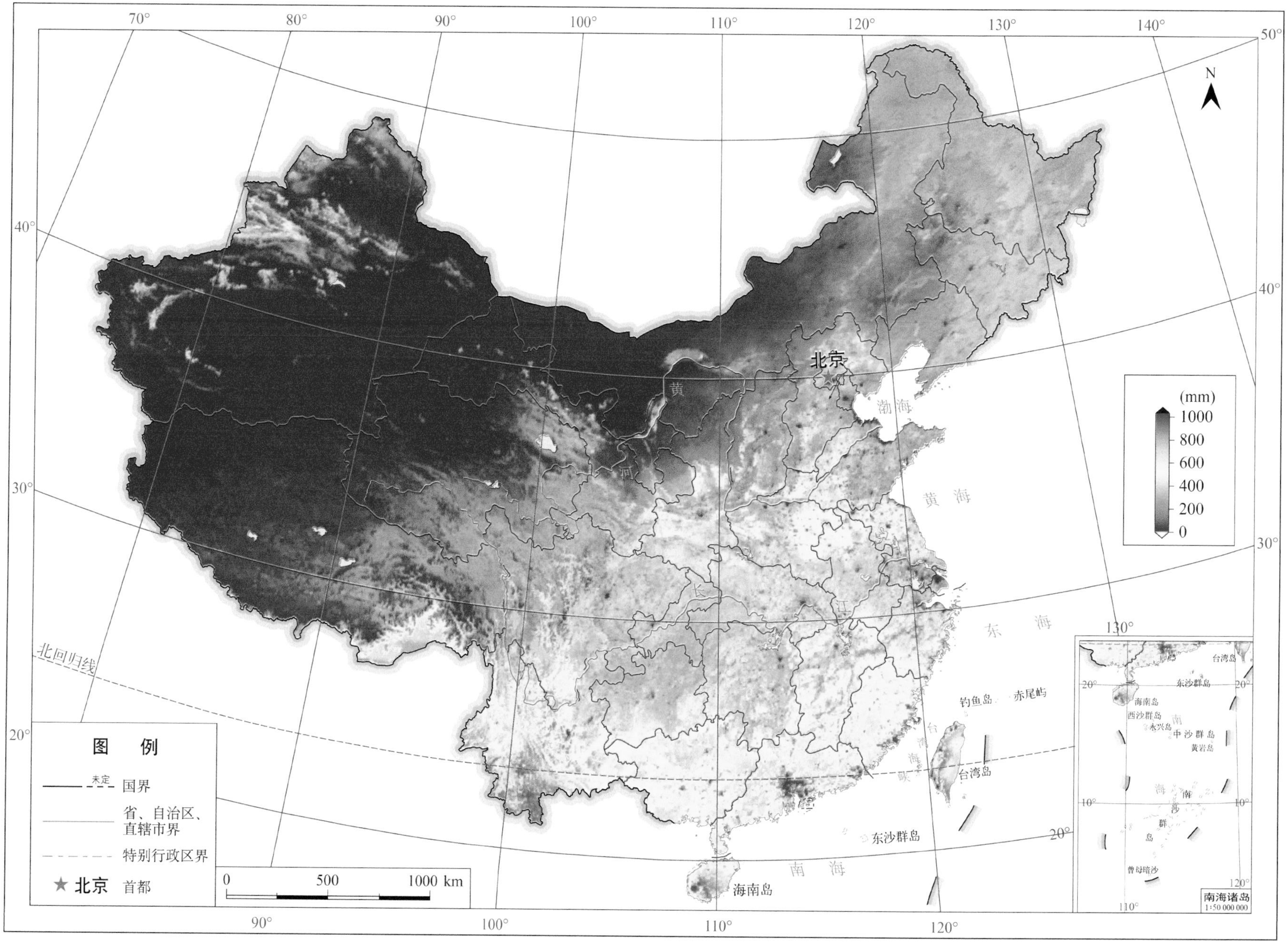

图 13 2003—2017 年平均年植被蒸腾空间分布

# 图组 2
## 中国区域冠层截留蒸发时空分布

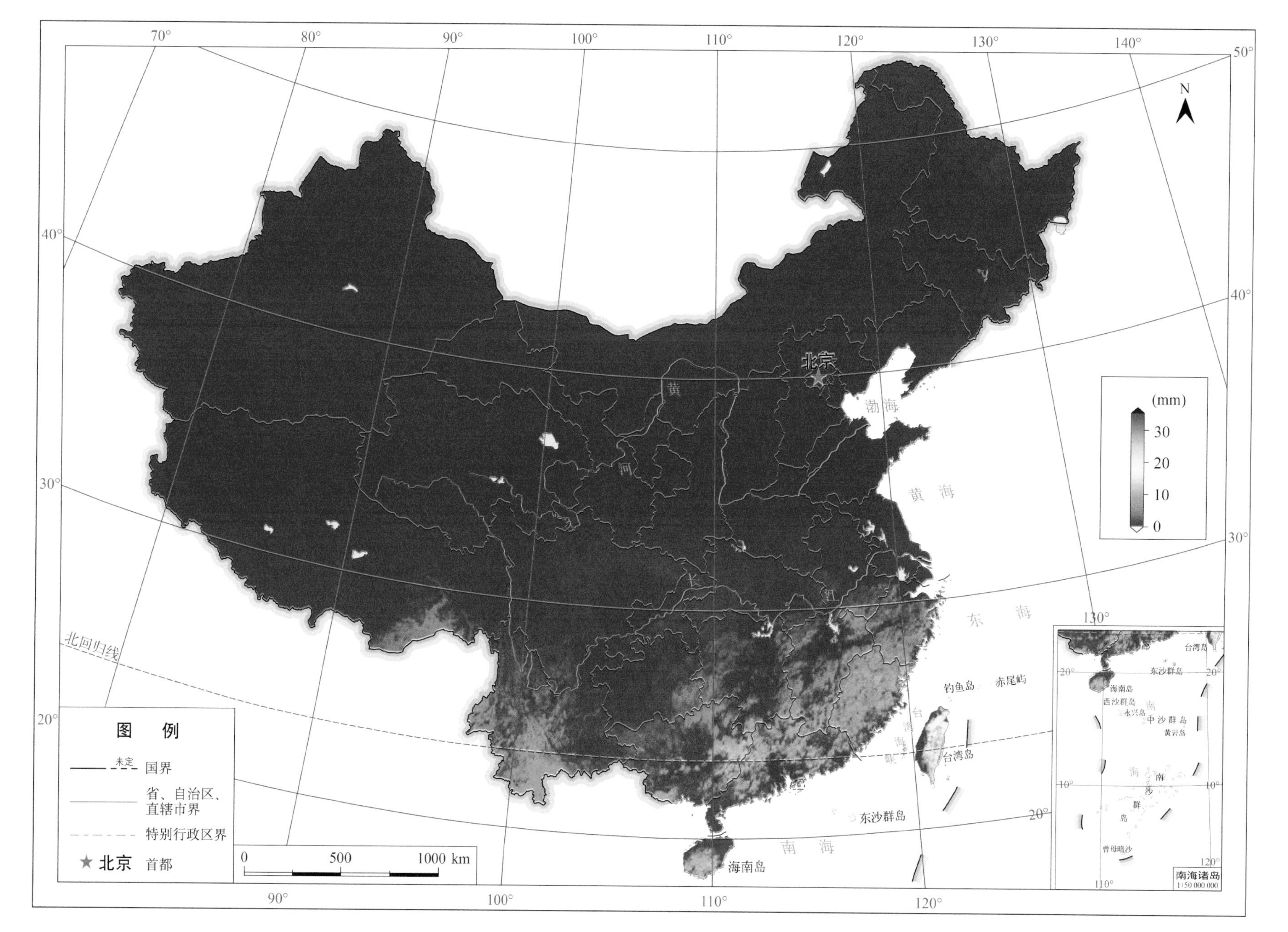


图14 2003—2017年平均1月冠层截留蒸发空间分布

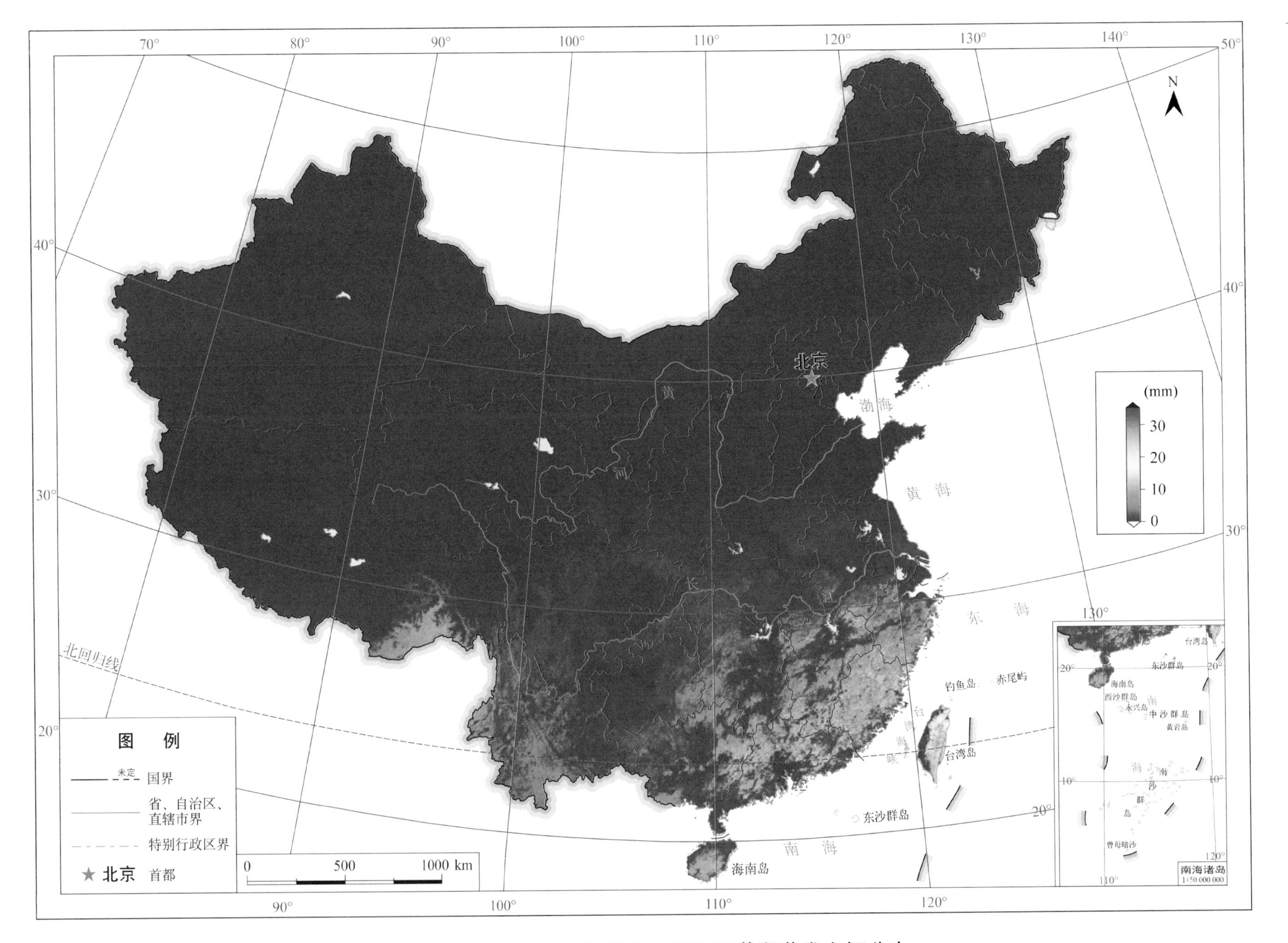


图15 2003—2017年平均2月冠层截留蒸发空间分布

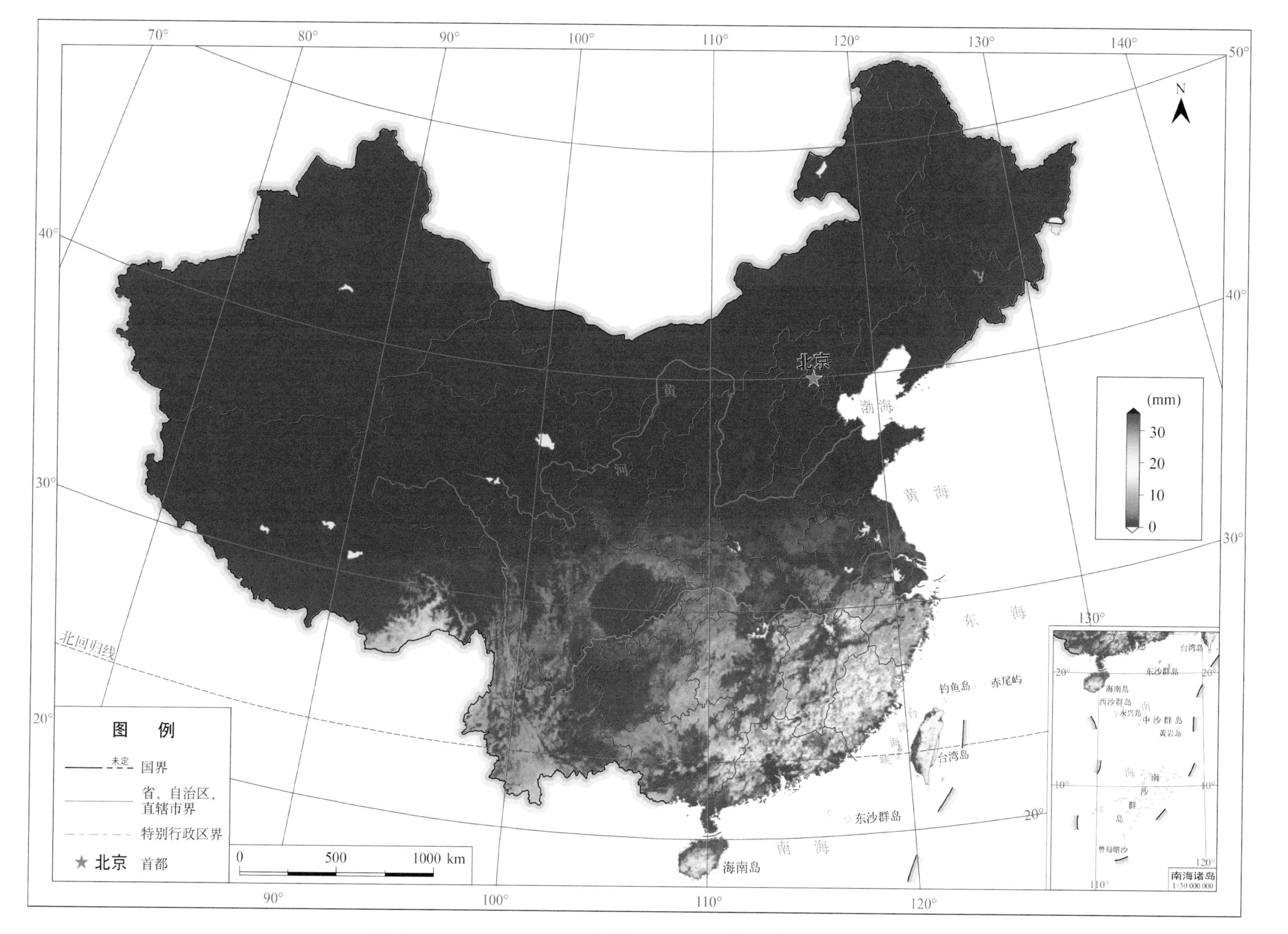


图16 2003—2017年平均3月冠层截留蒸发空间分布

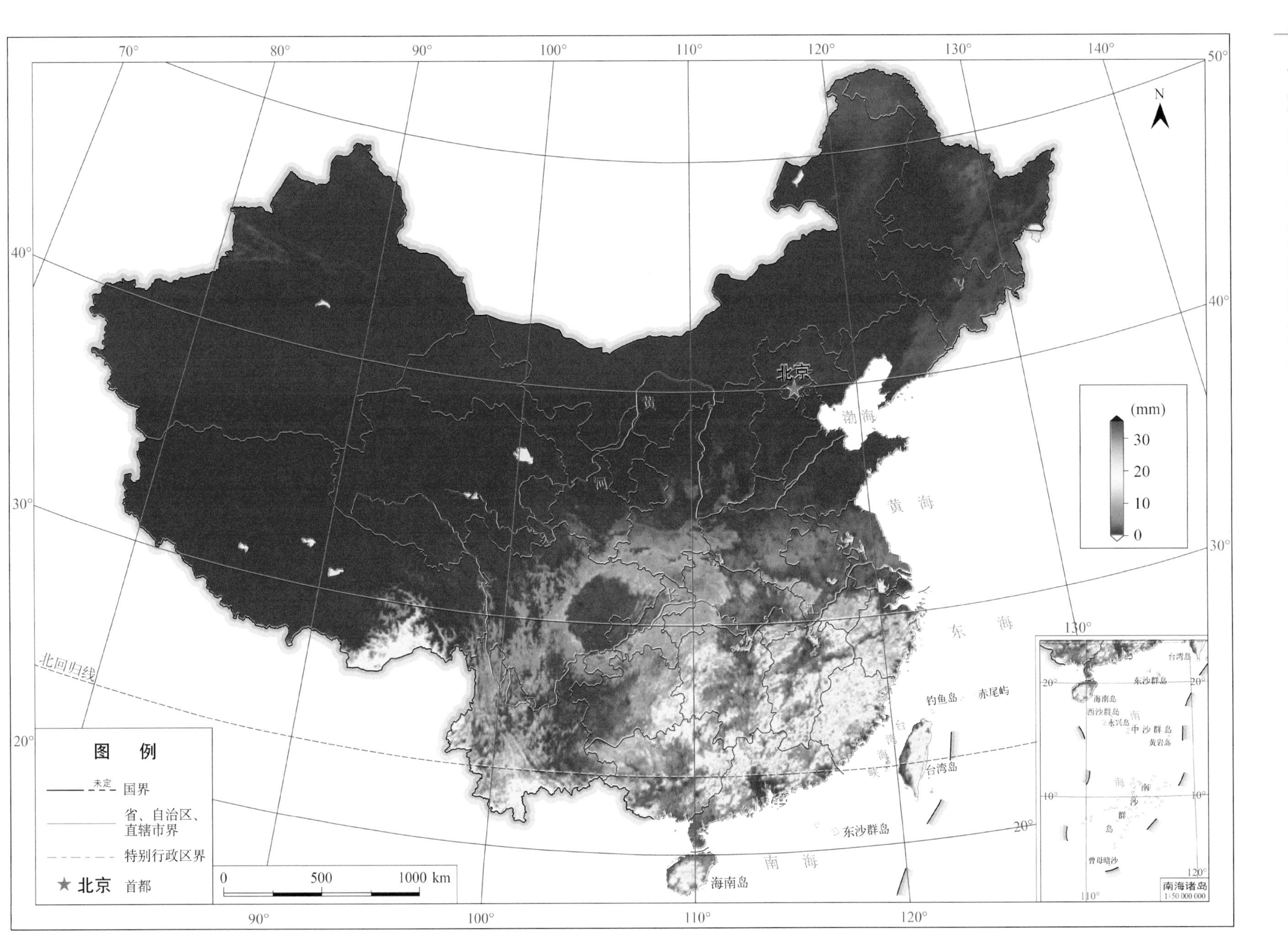


图 17　2003—2017 年平均 4 月冠层截留蒸发空间分布

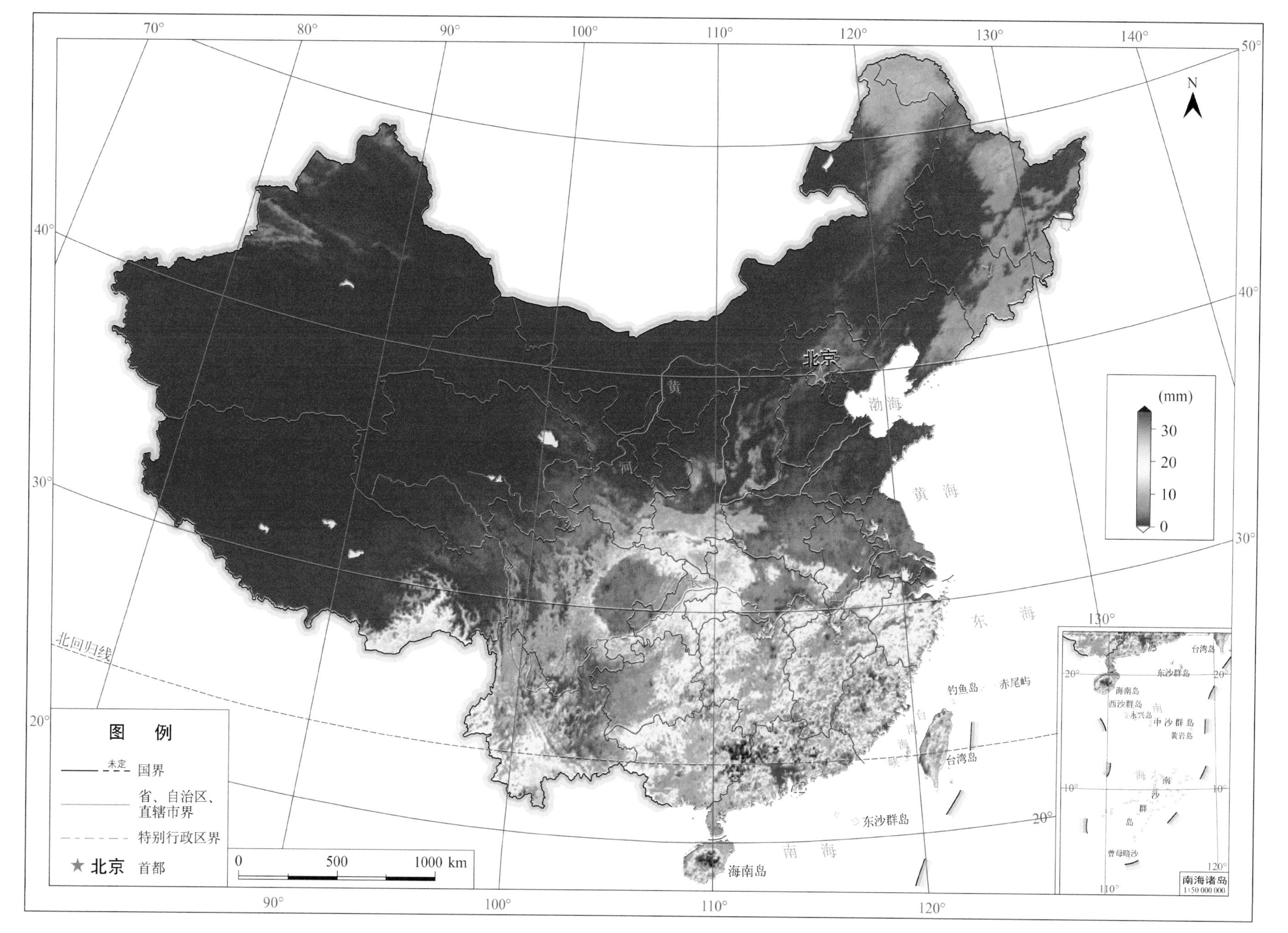


图 18 2003—2017 年平均 5 月冠层截留蒸发空间分布

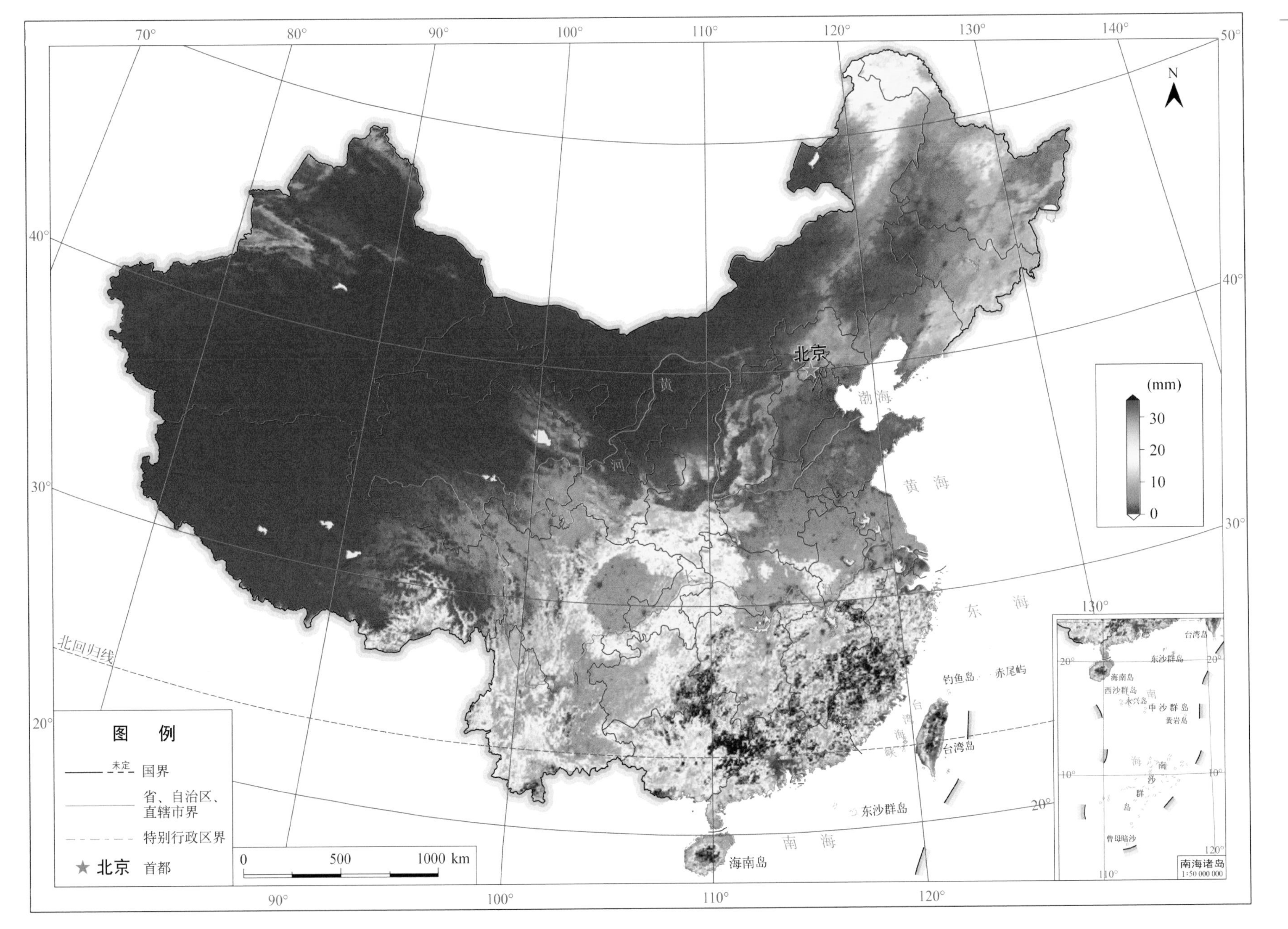


图 19　2003—2017 年平均 6 月冠层截留蒸发空间分布

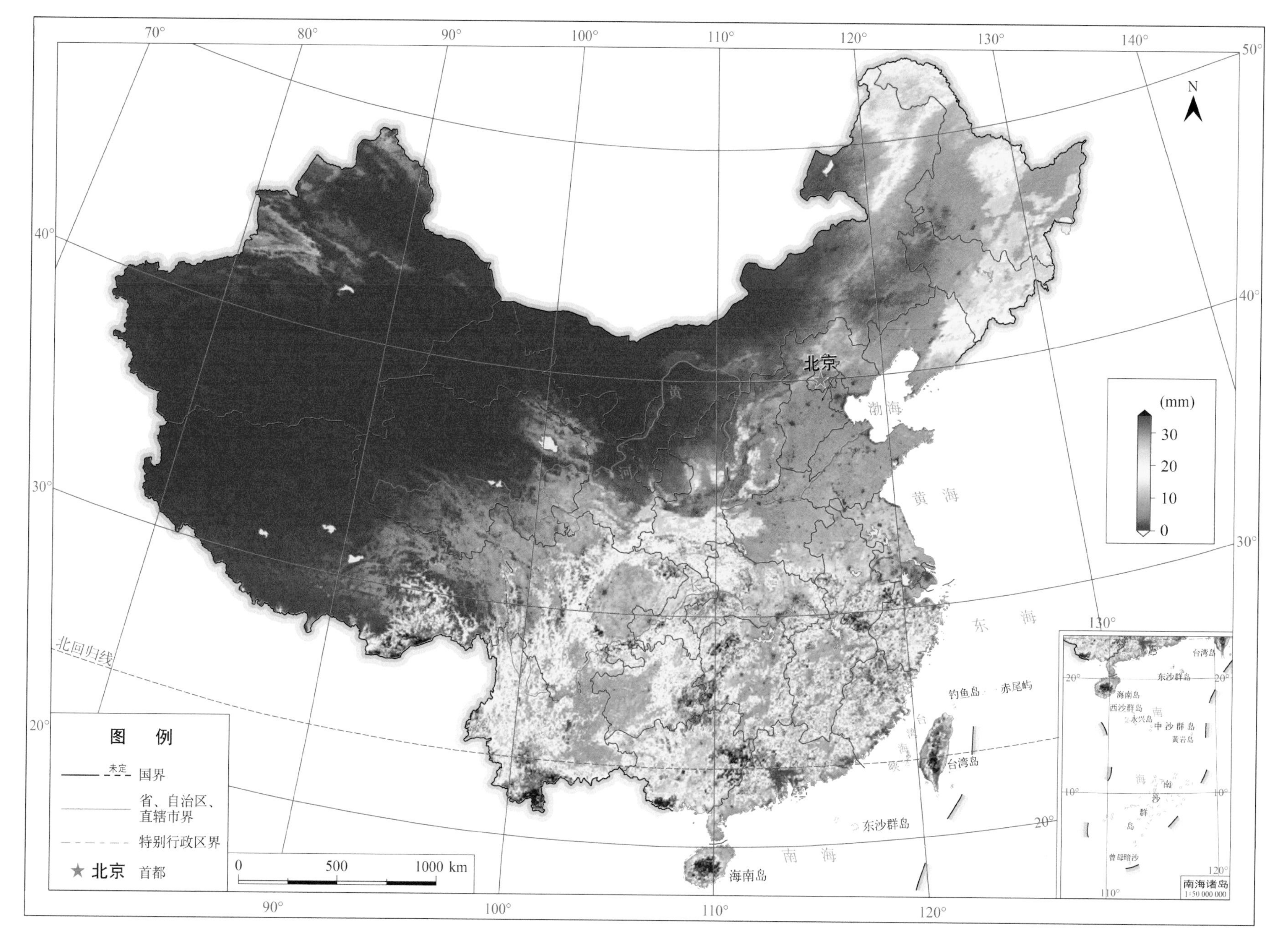


图20　2003—2017年平均7月冠层截留蒸发空间分布

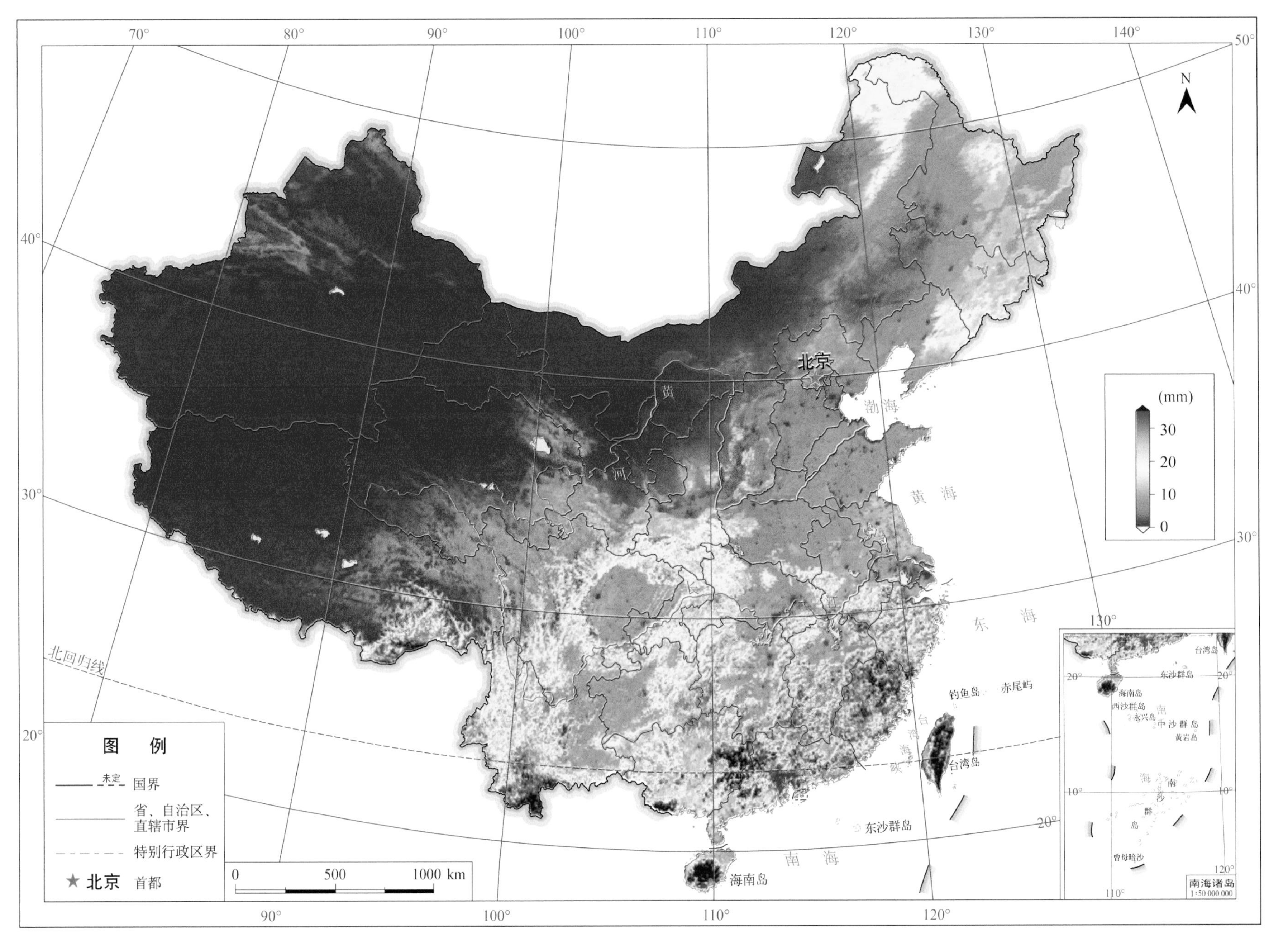


图21 2003—2017年平均8月冠层截留蒸发空间分布

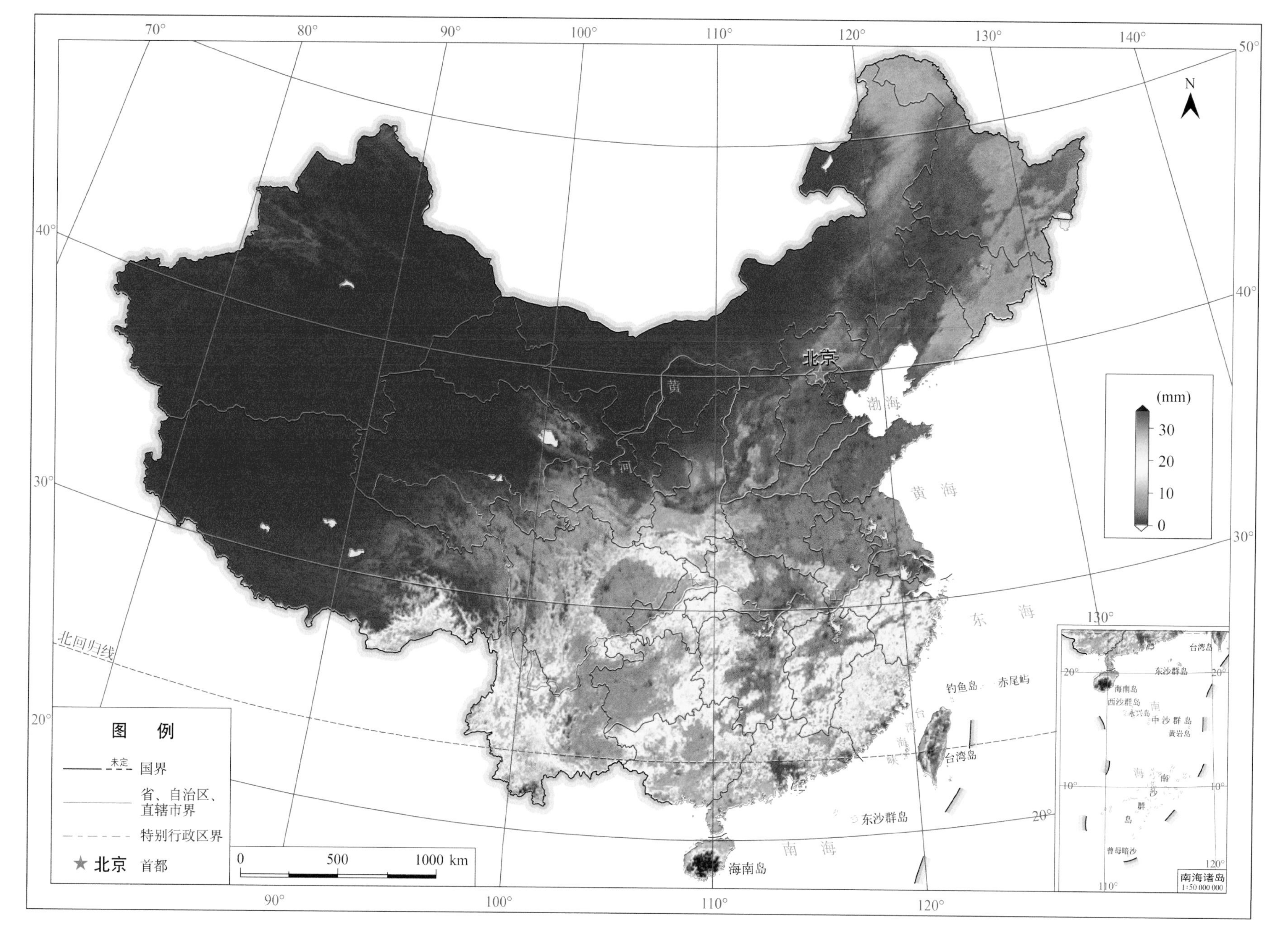


图 22 2003—2017 年平均 9 月冠层截留蒸发空间分布

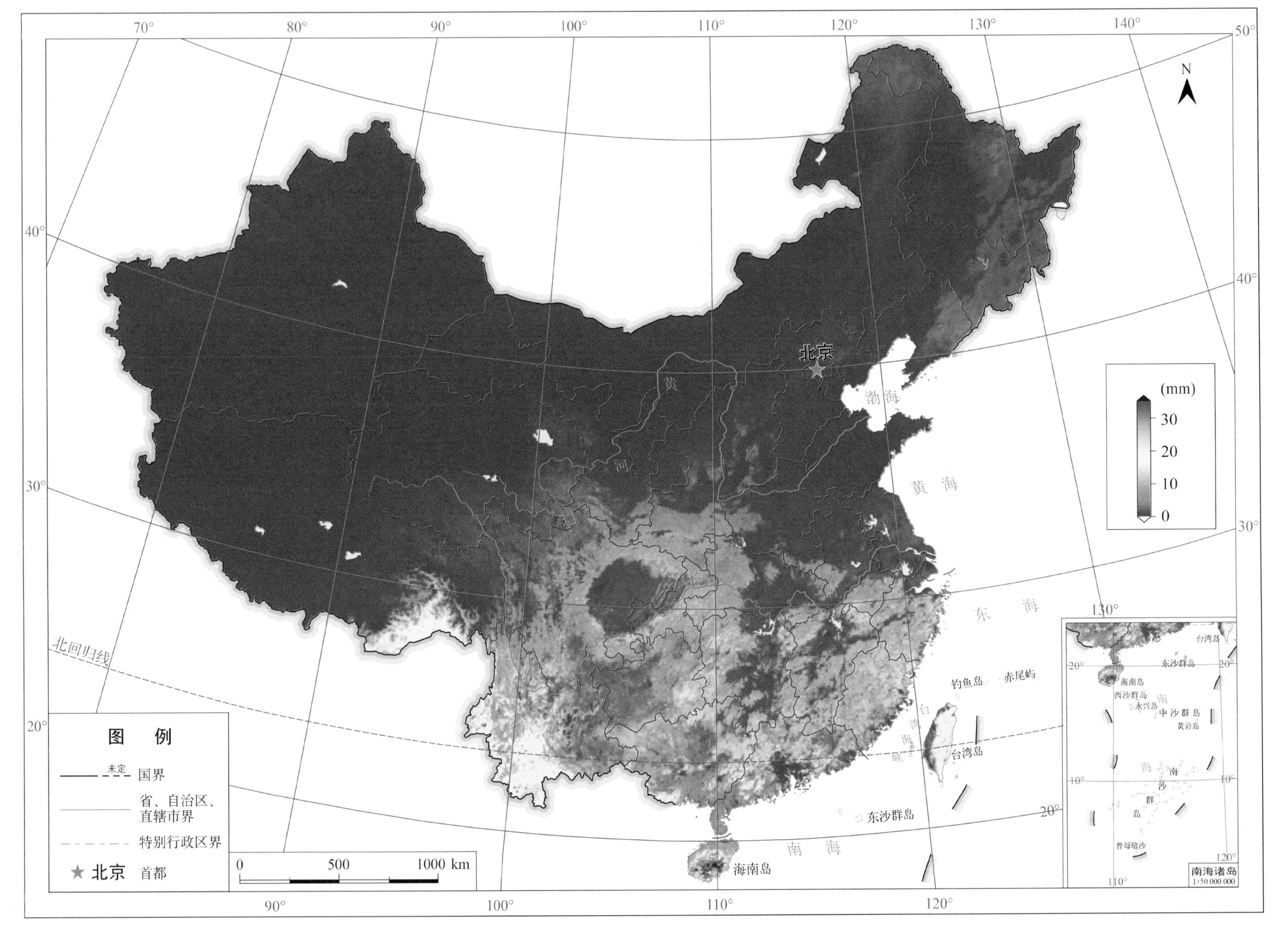


图 23　2003—2017 年平均 10 月冠层截留蒸发空间分布

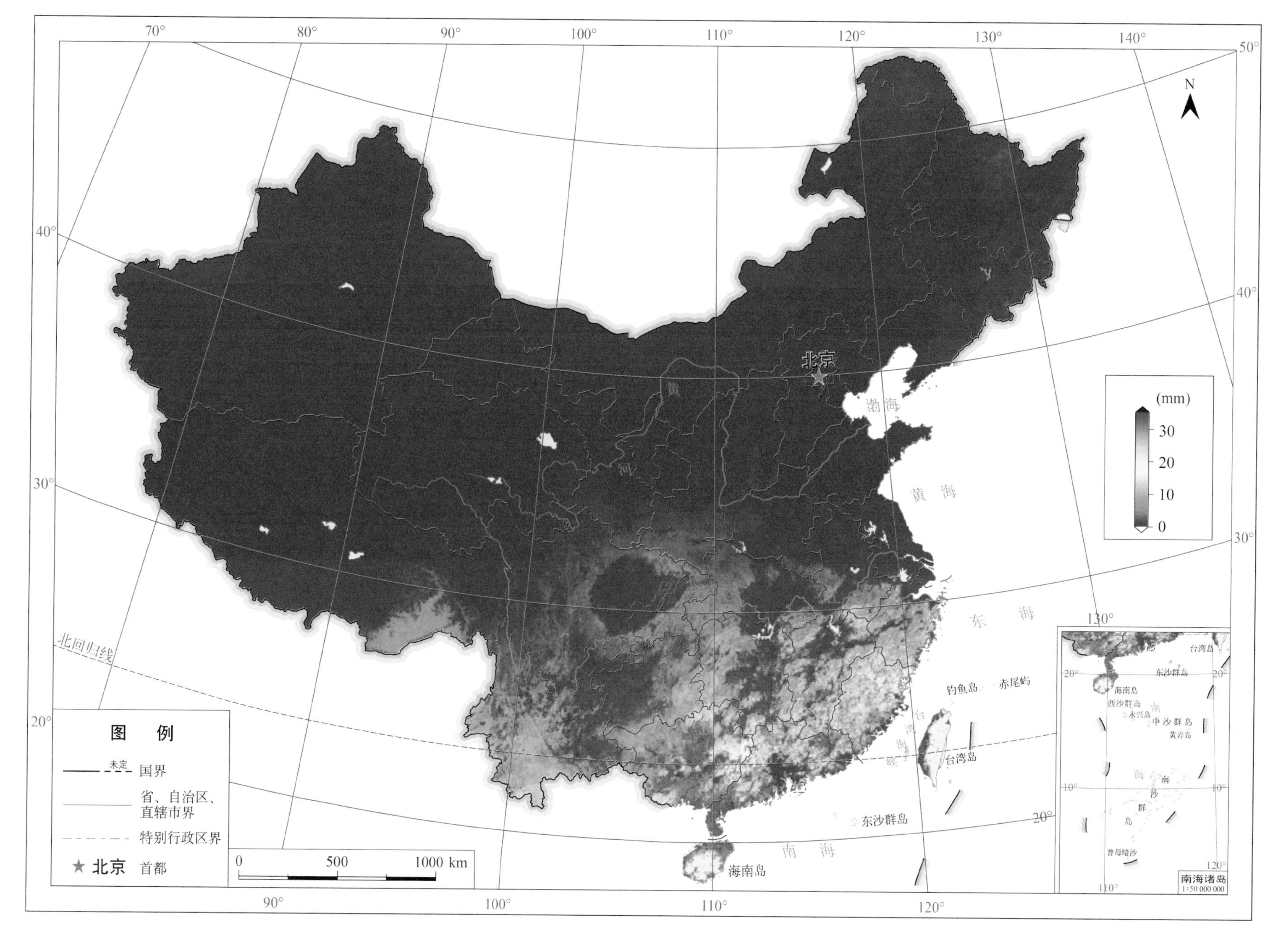


图24 2003—2017年平均11月冠层截留蒸发空间分布

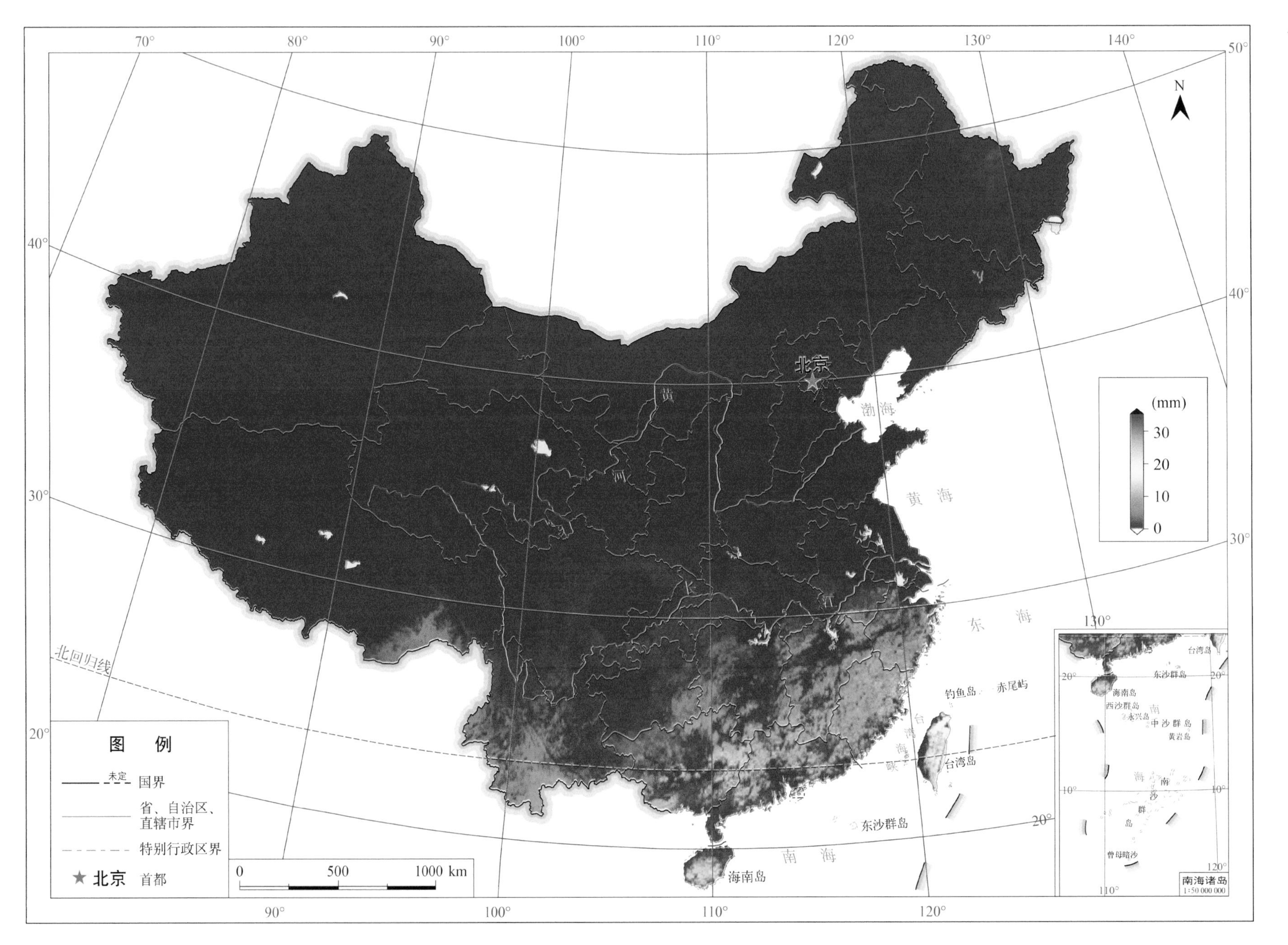


图 25　2003—2017 年平均 12 月冠层截留蒸发空间分布

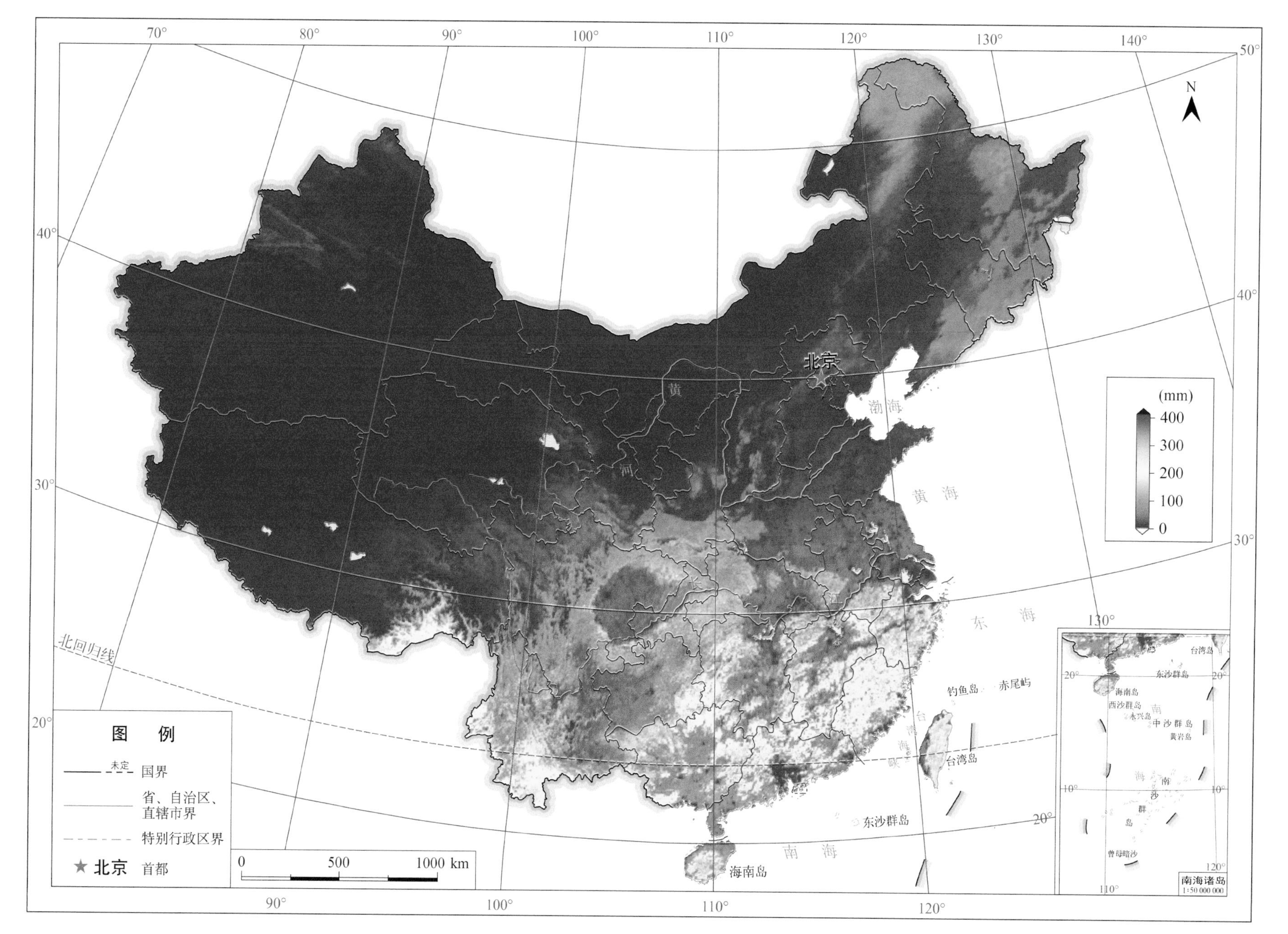


图26 2003—2017年平均年冠层截留蒸发空间分布

# 图组 3
## 中国区域土壤蒸发时空分布

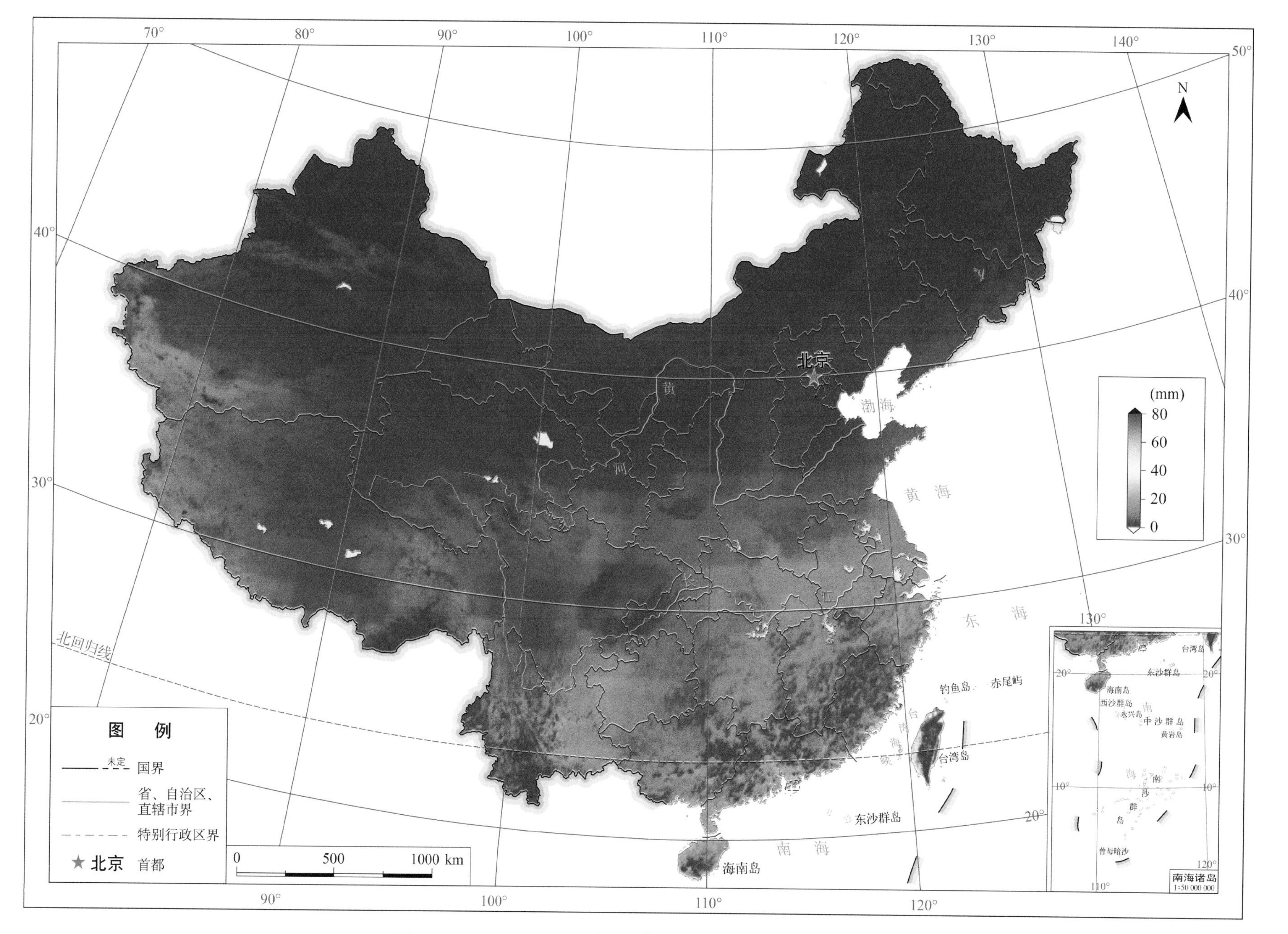


图 27 2003—2017 年平均 1 月土壤蒸发空间分布

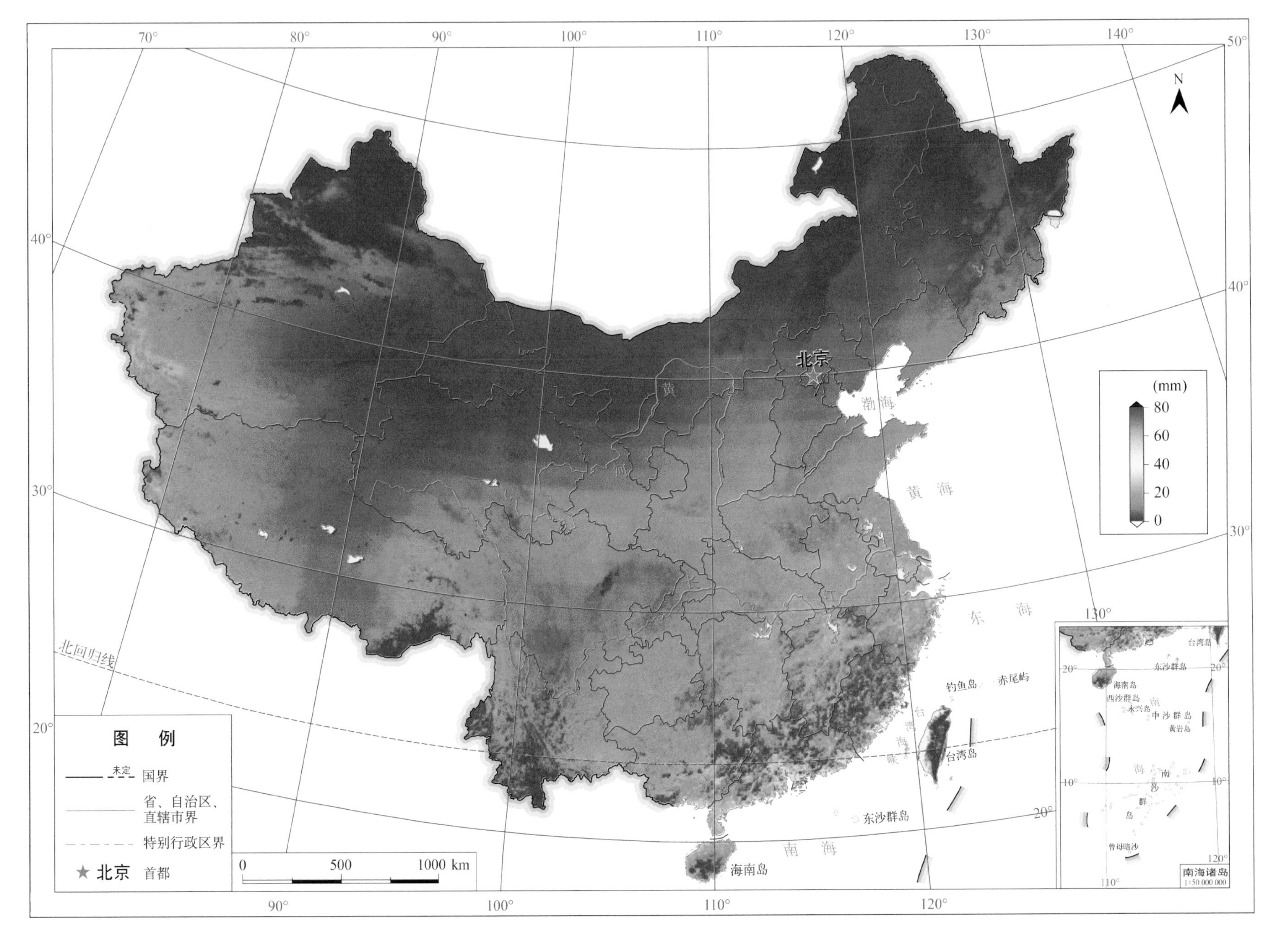


图28 2003—2017年平均2月土壤蒸发空间分布

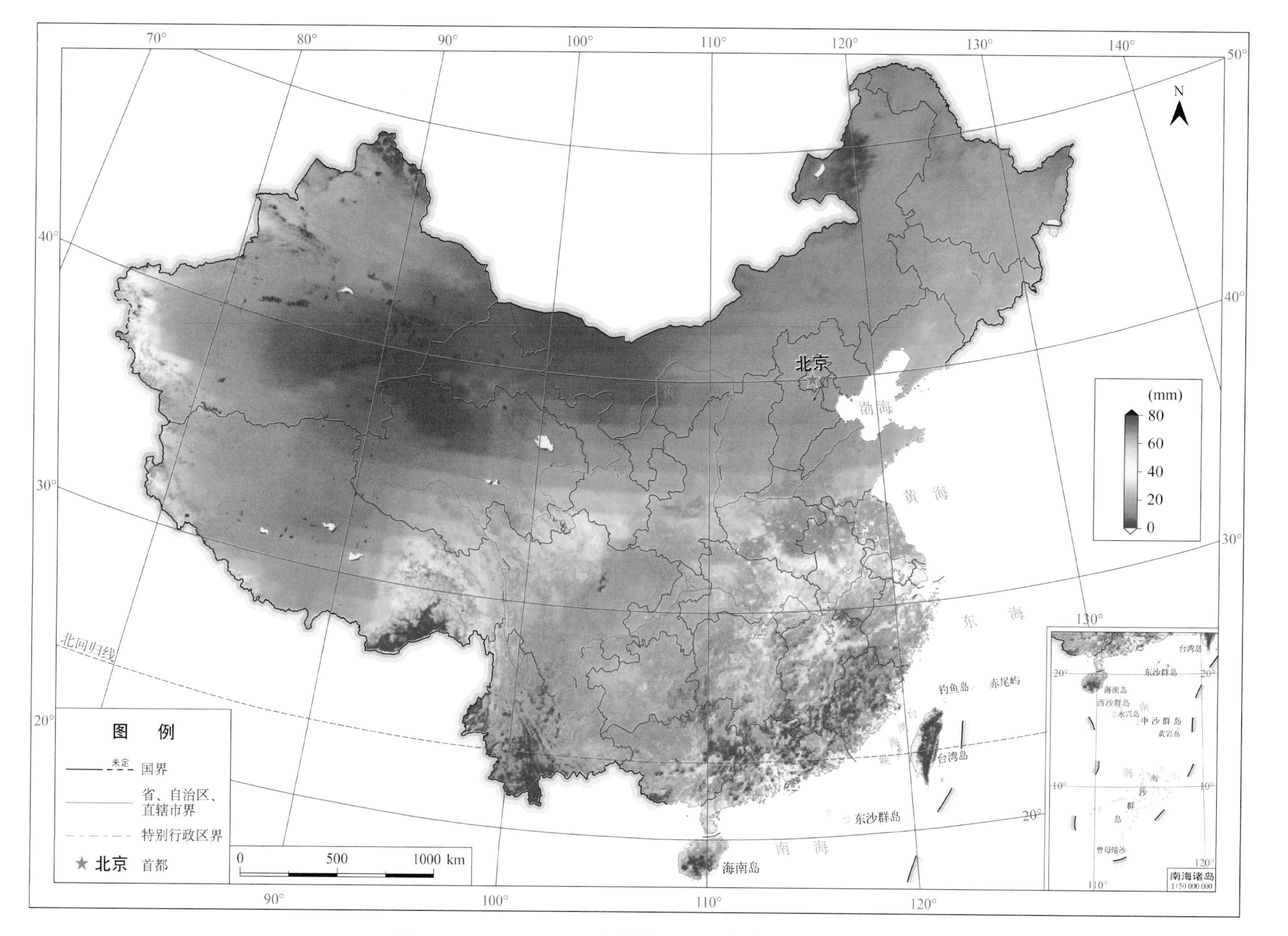


图 29 2003—2017 年平均 3 月土壤蒸发空间分布

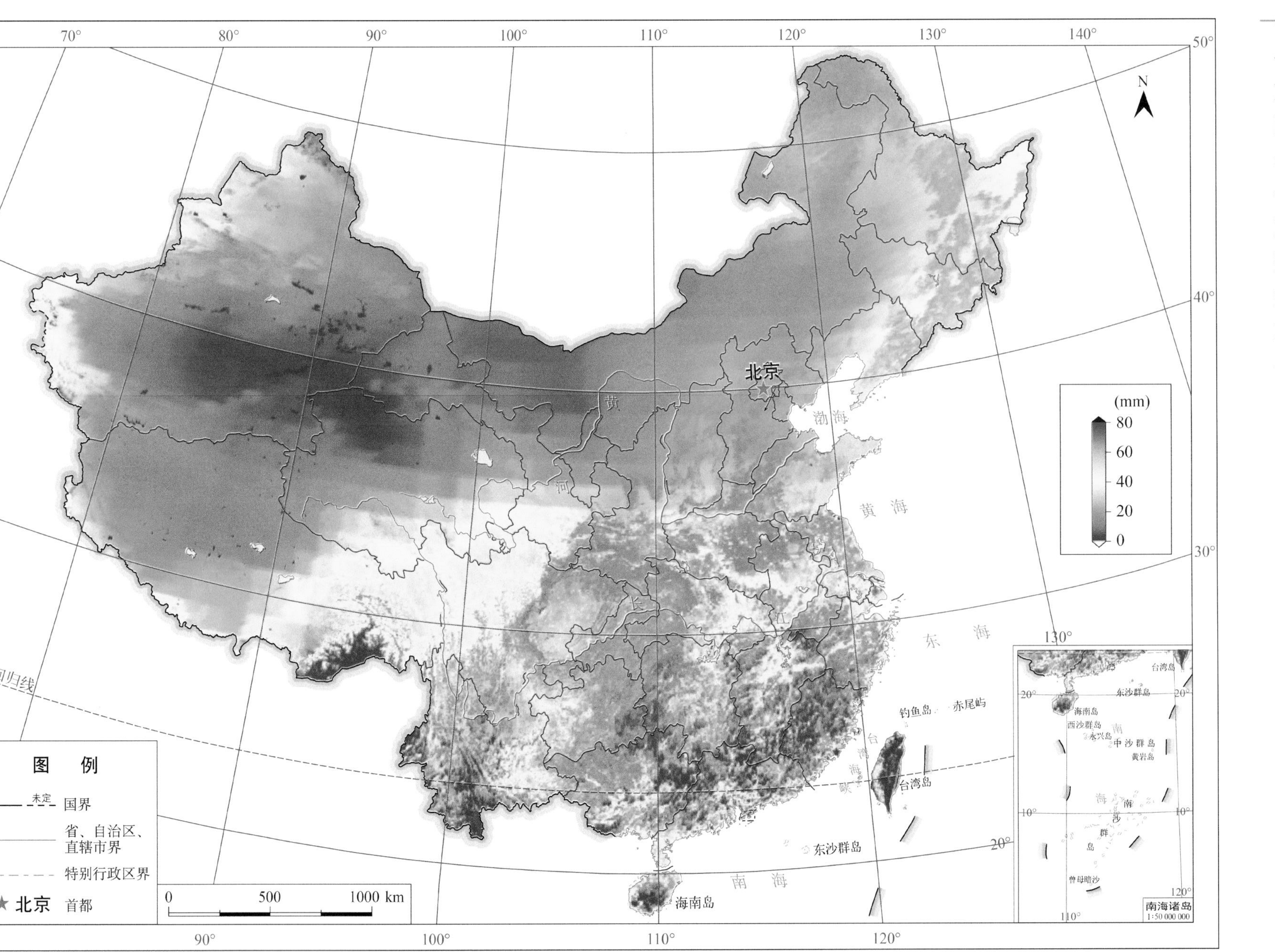


图30 2003—2017年平均4月土壤蒸发空间分布

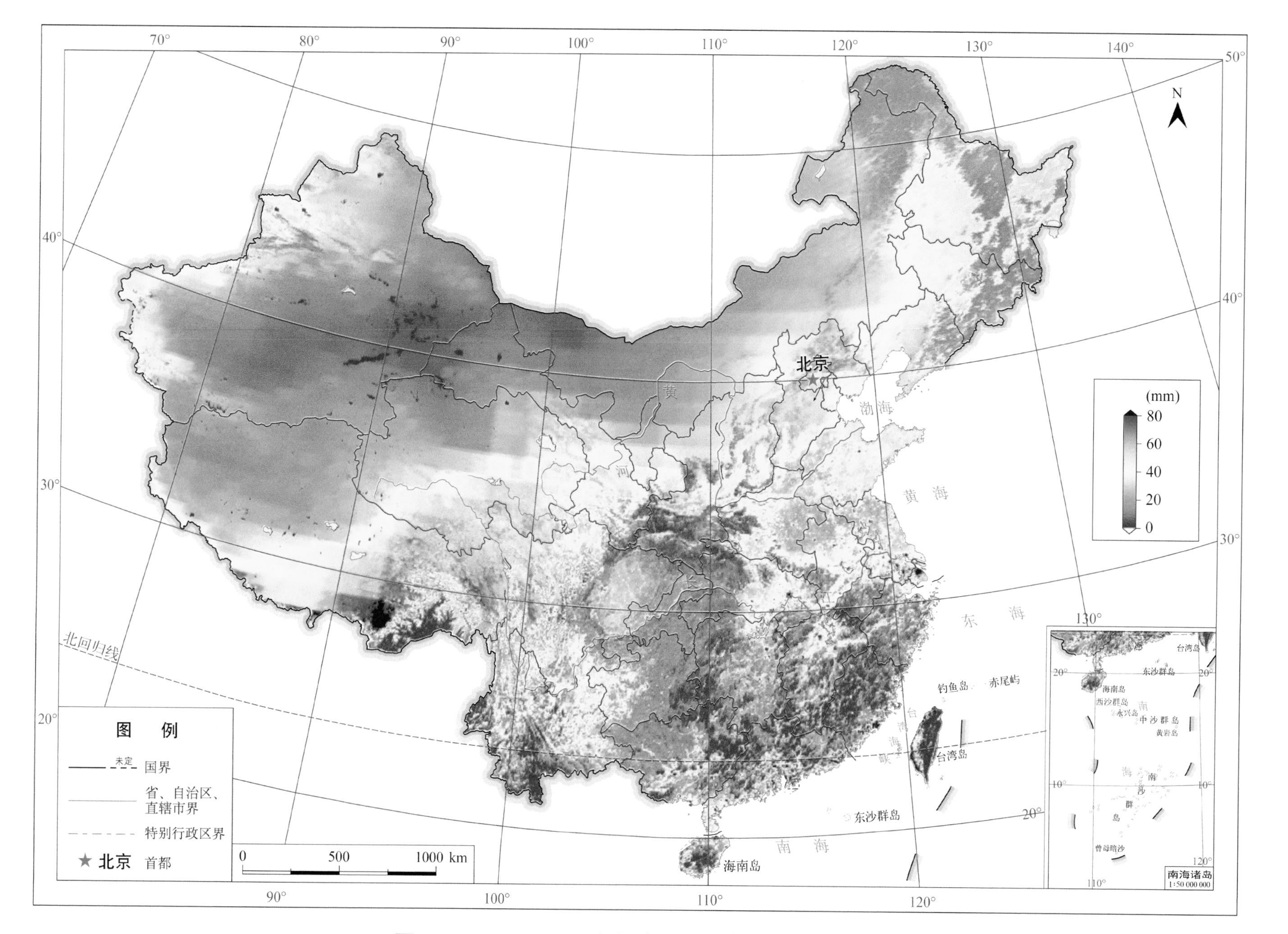


图31 2003—2017年平均5月土壤蒸发空间分布

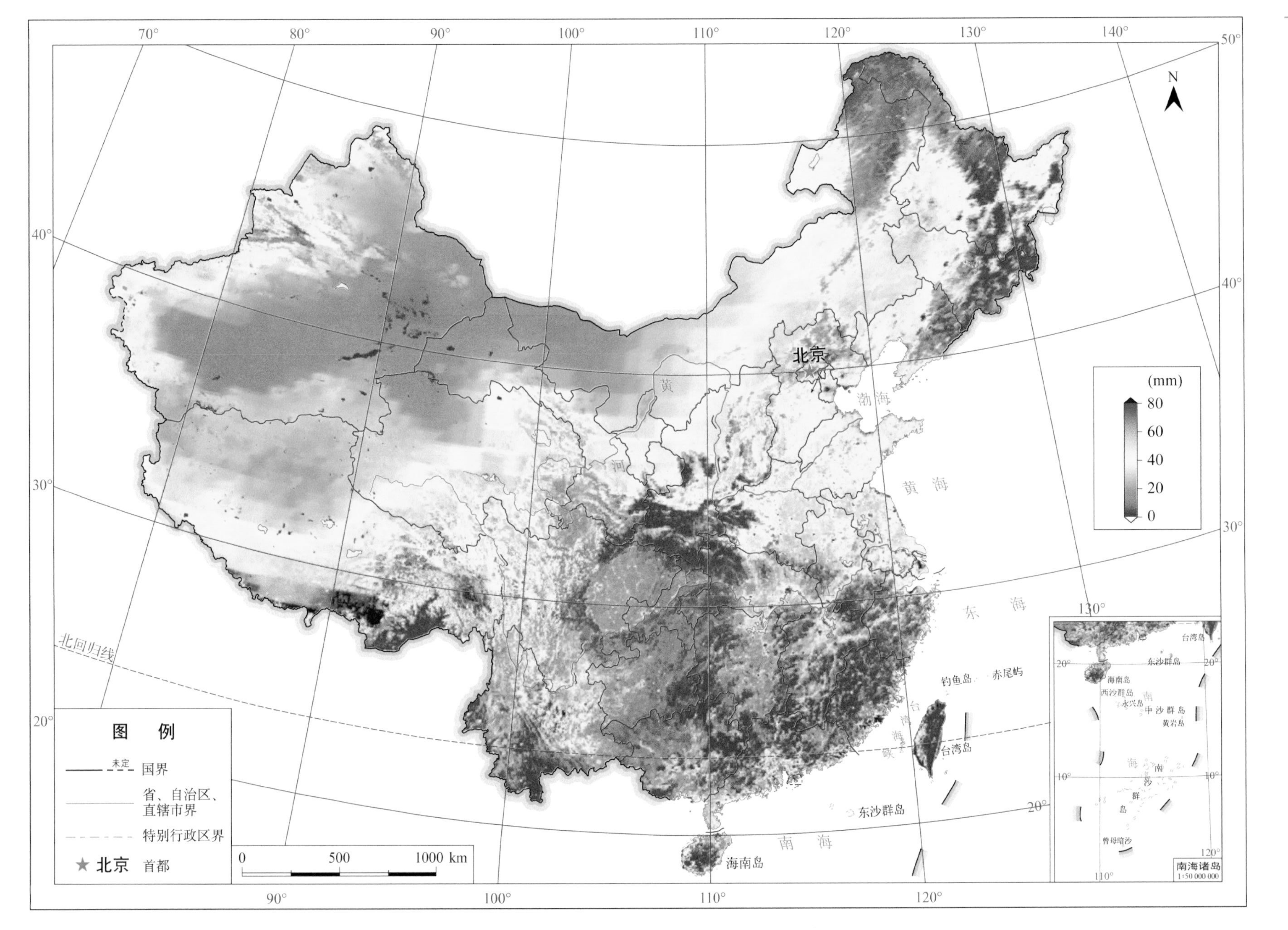


图 32　2003—2017 年平均 6 月土壤蒸发空间分布

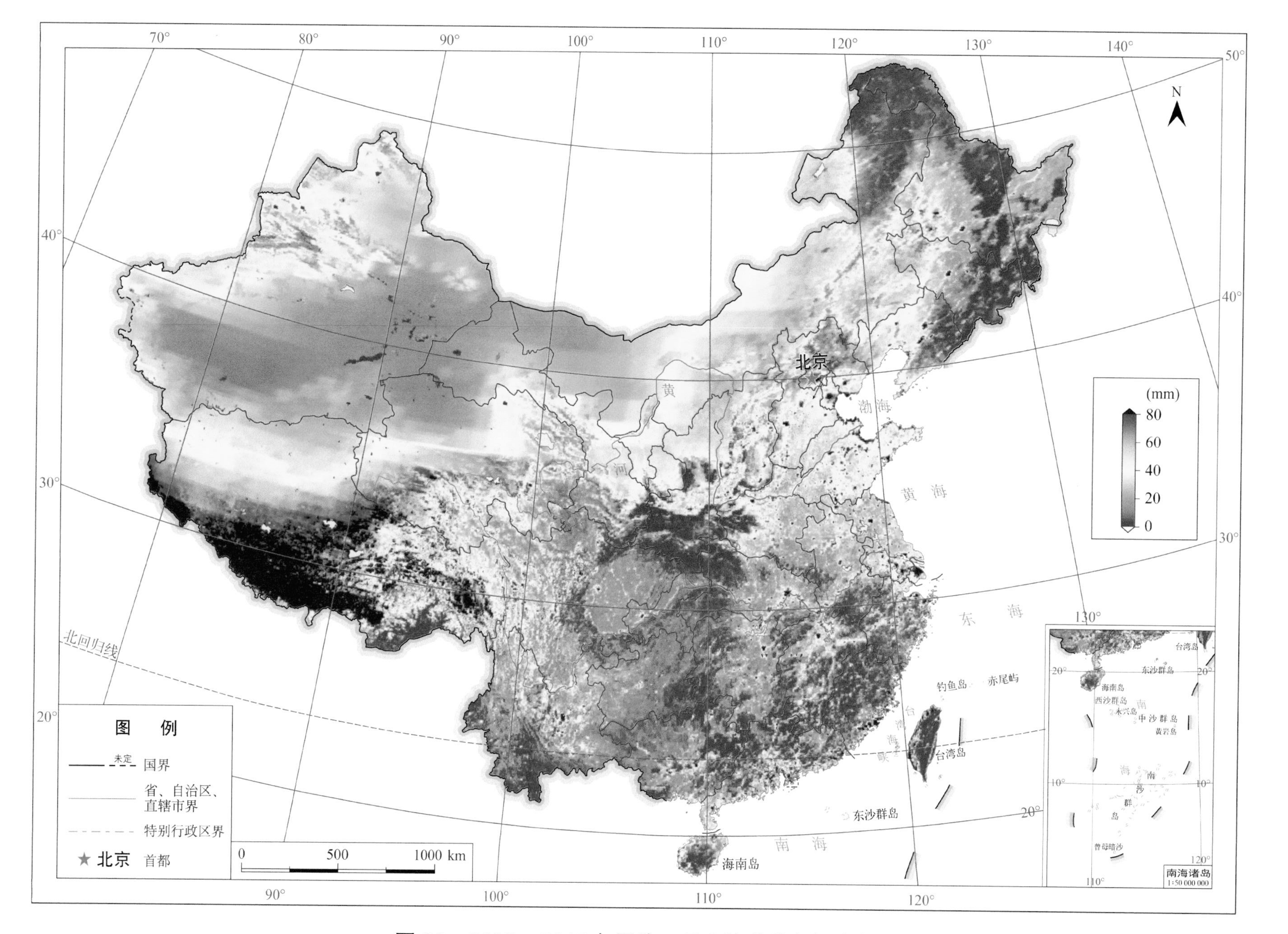


图33 2003—2017年平均7月土壤蒸发空间分布

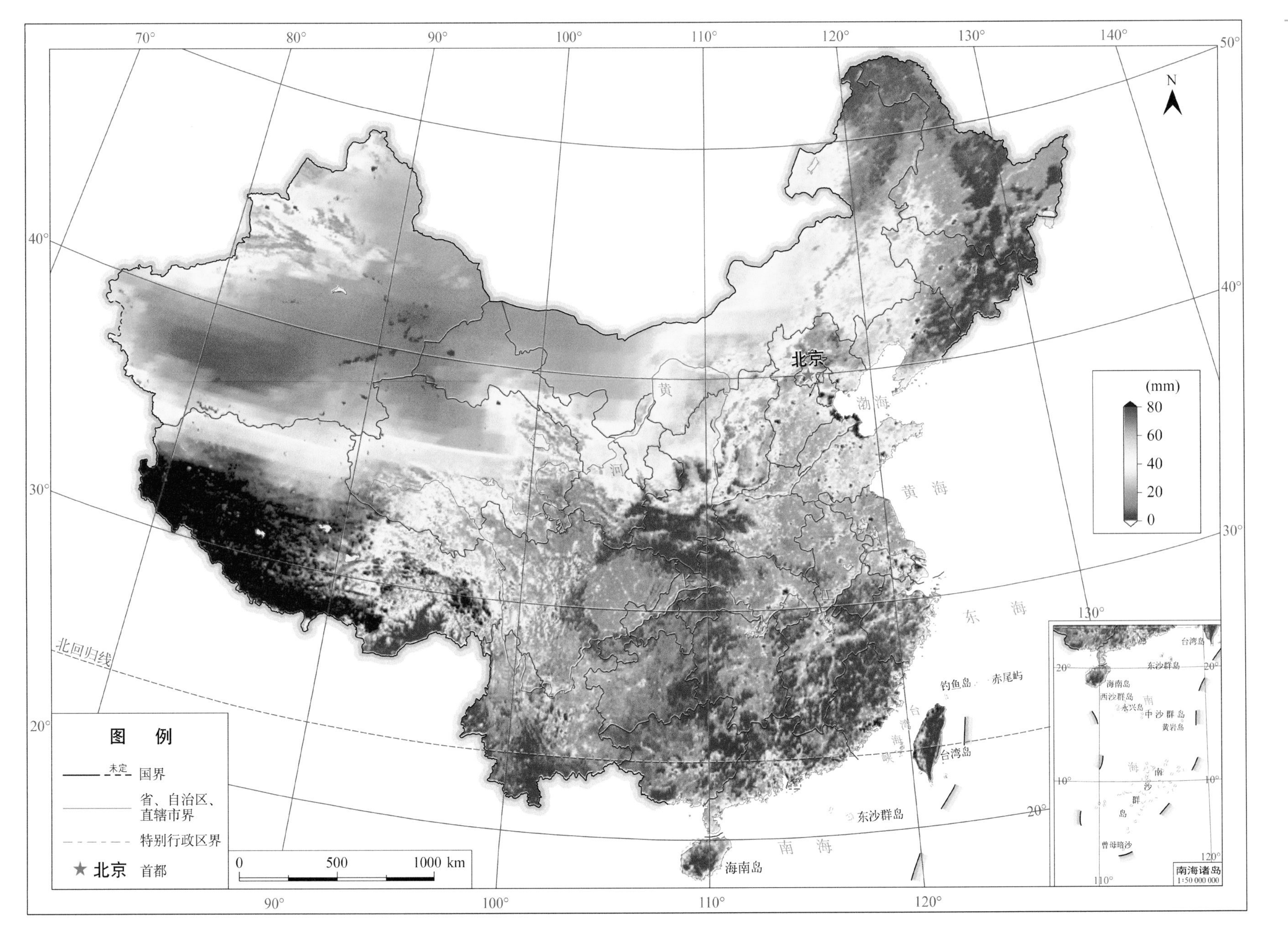


图 34　2003—2017 年平均 8 月土壤蒸发空间分布

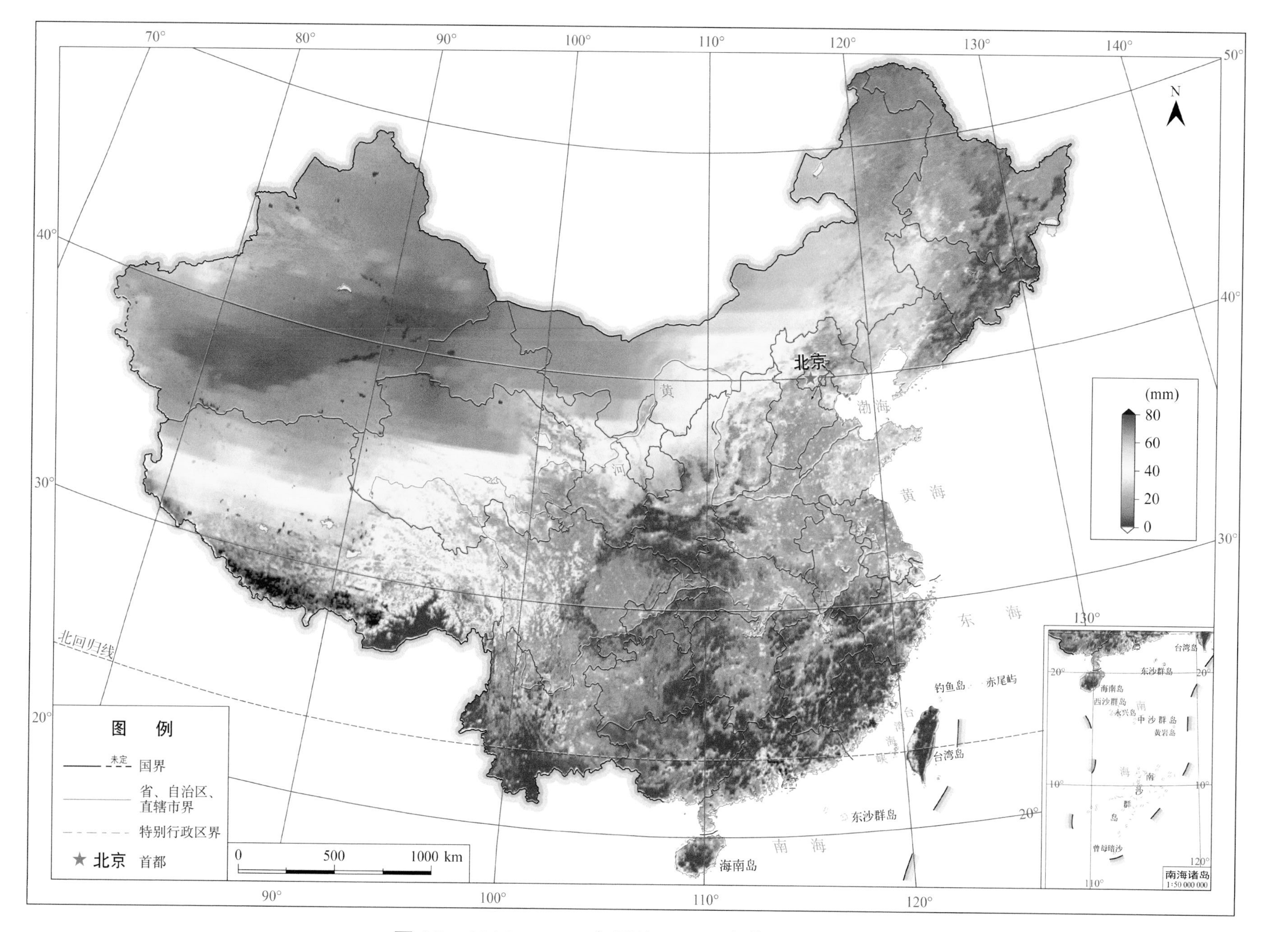


图35 2003—2017年平均9月土壤蒸发空间分布

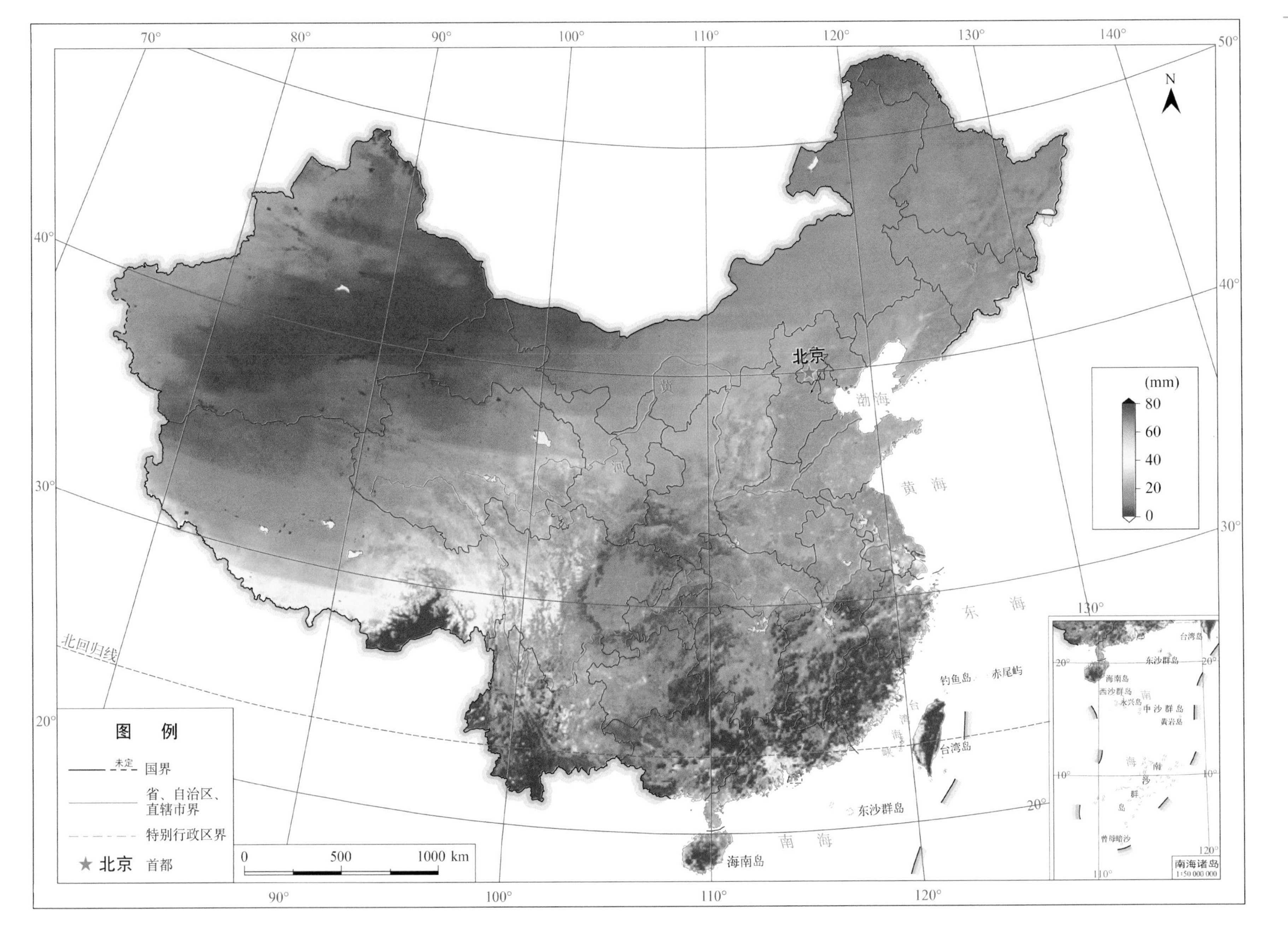


图36 2003—2017年平均10月土壤蒸发空间分布

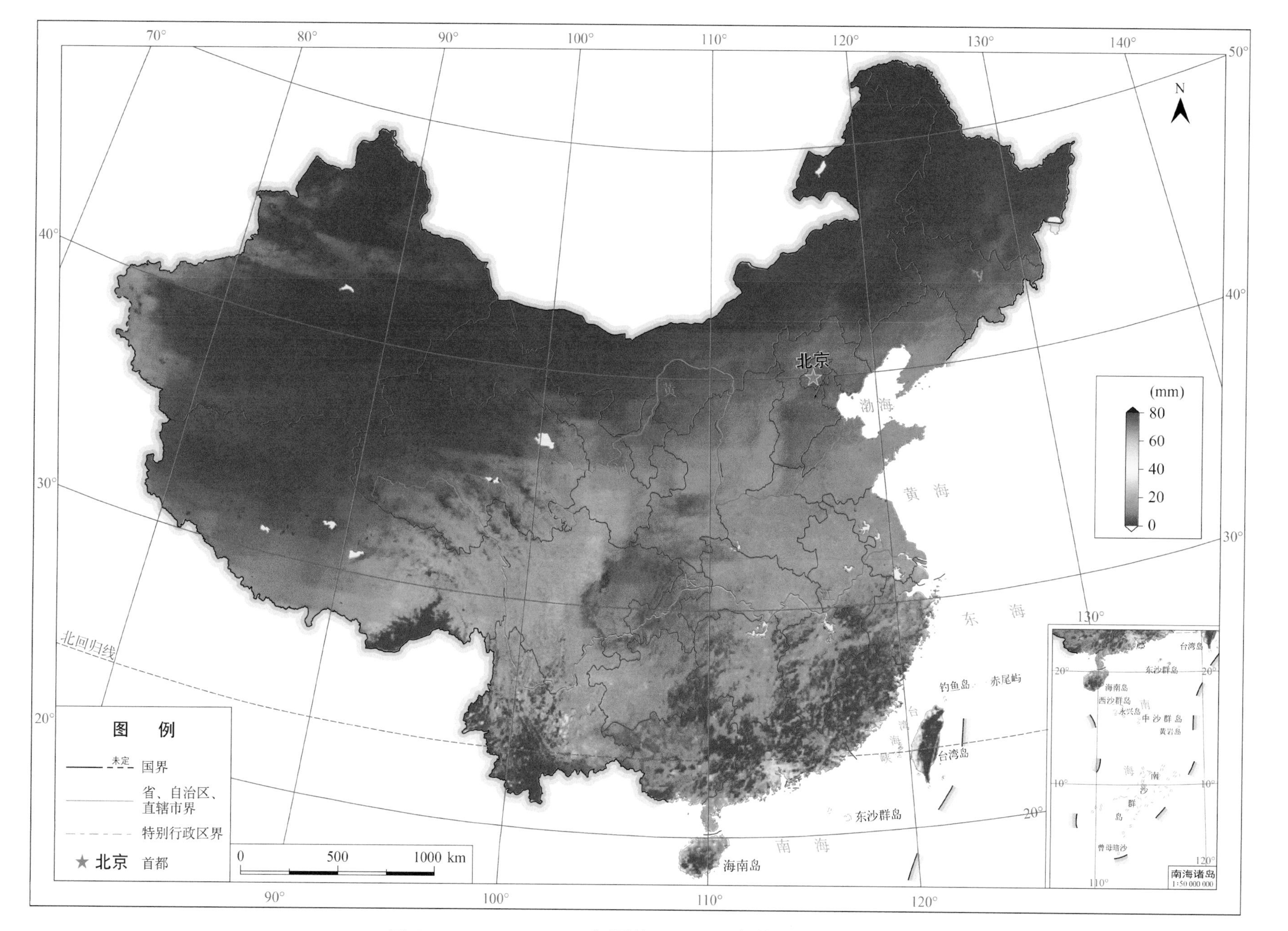


图37 2003—2017年平均11月土壤蒸发空间分布

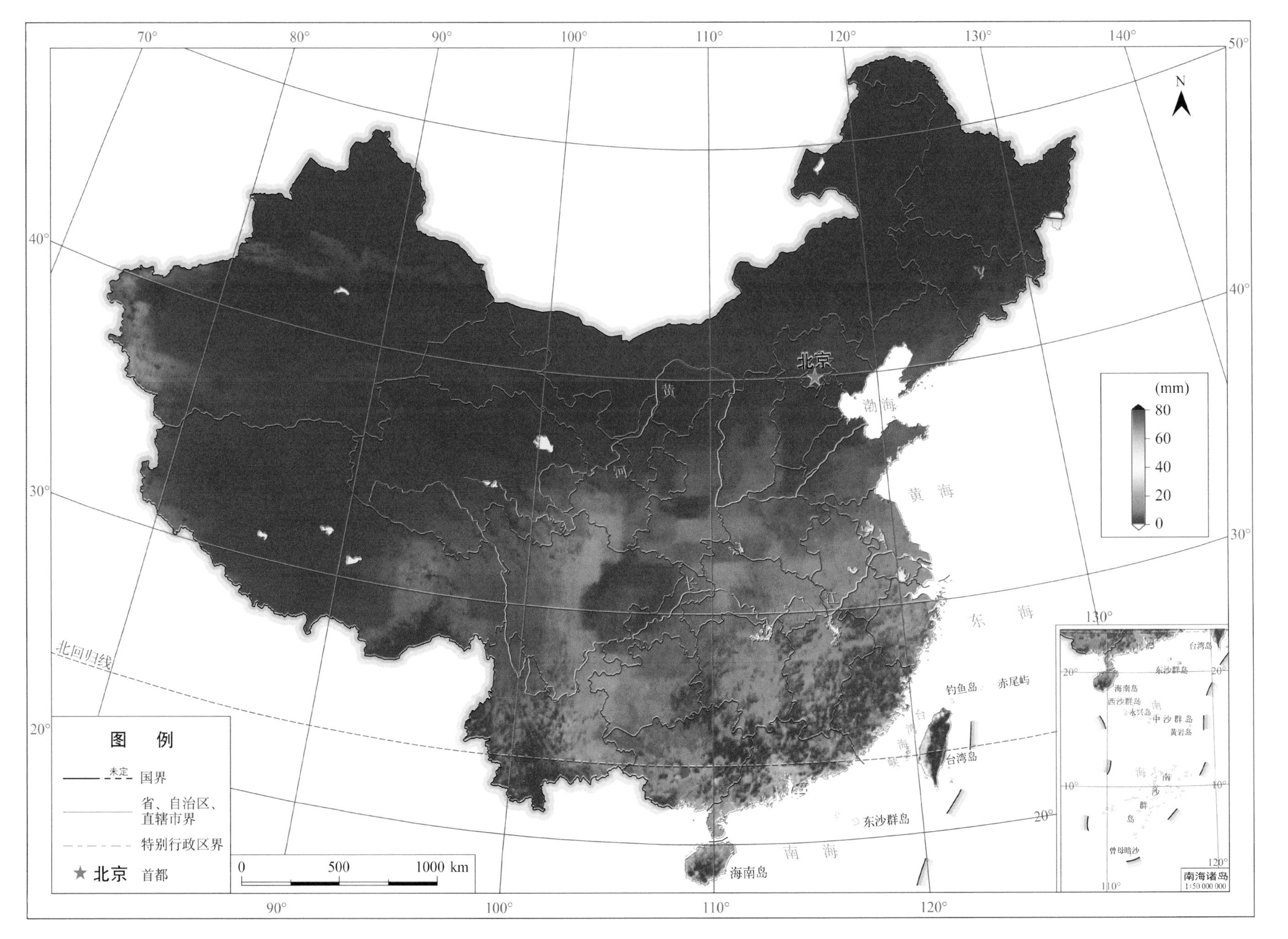


图 38 2003—2017 年平均 12 月土壤蒸发空间分布

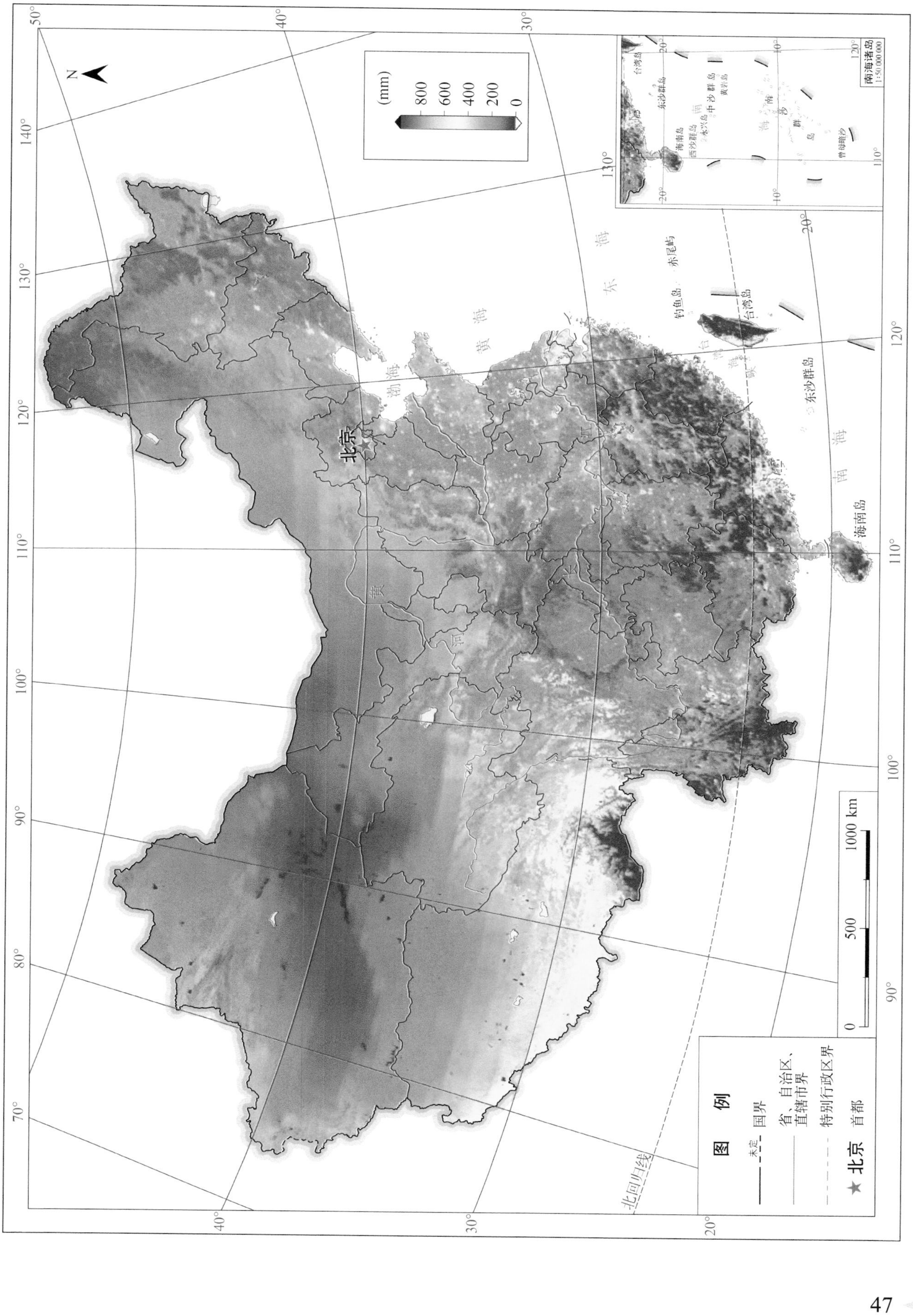

图 39 2003—2017 年平均年土壤蒸发空间分布

# 图组 4
## 中国区域蒸散发时空分布

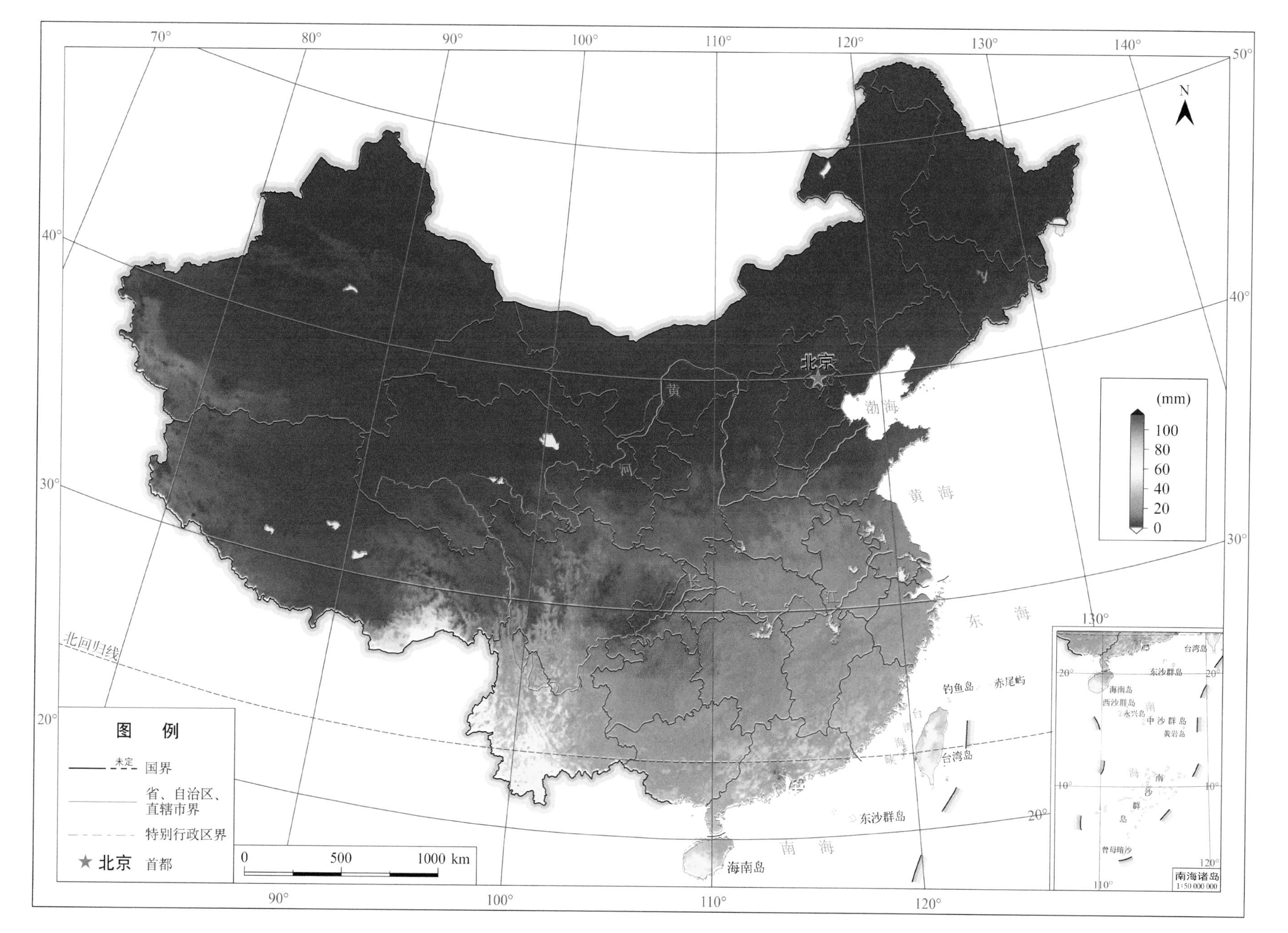


图 40 2003—2017 年平均 1 月蒸散发空间分布

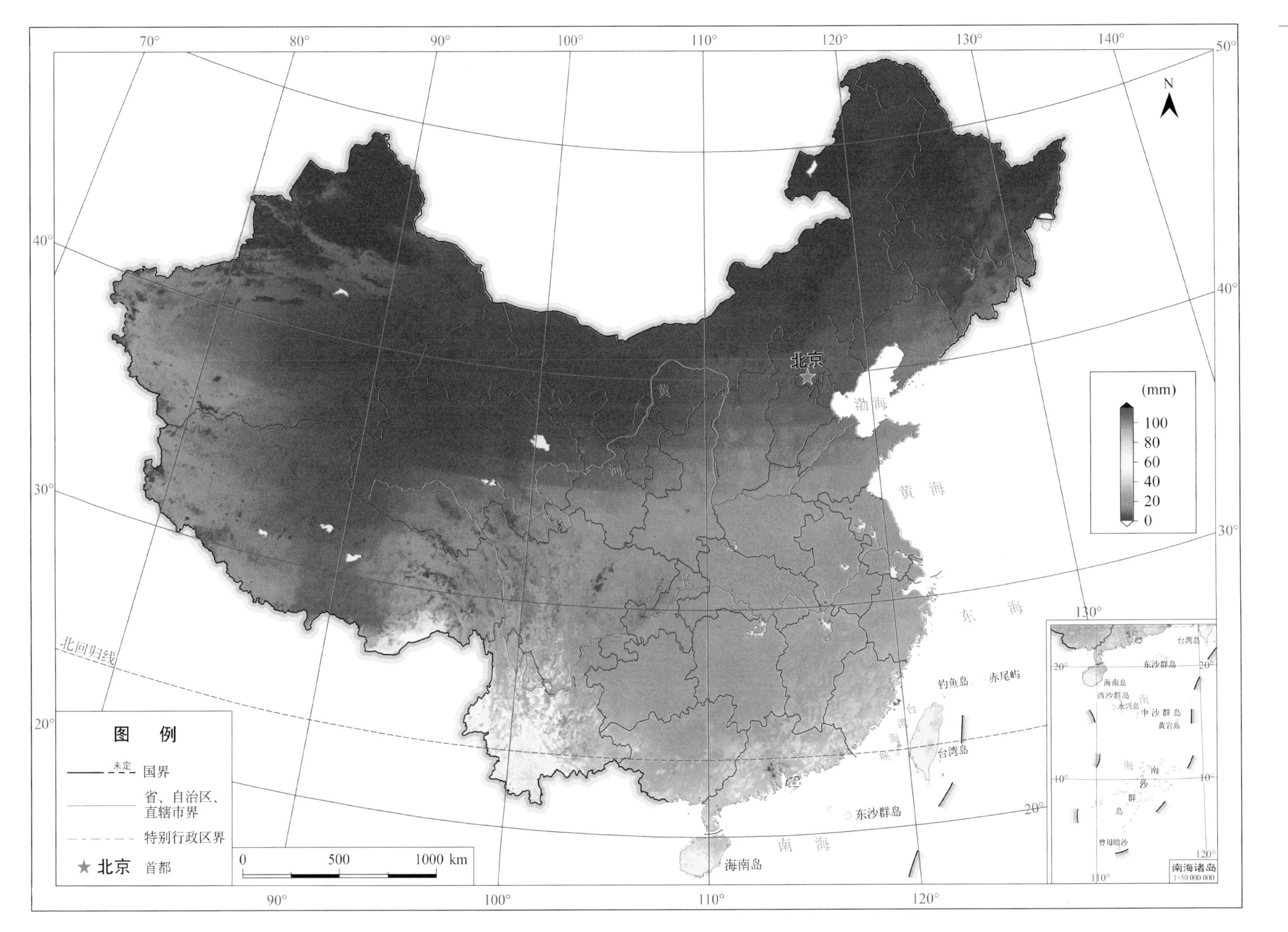


图 41　2003—2017 年平均 2 月蒸散发空间分布

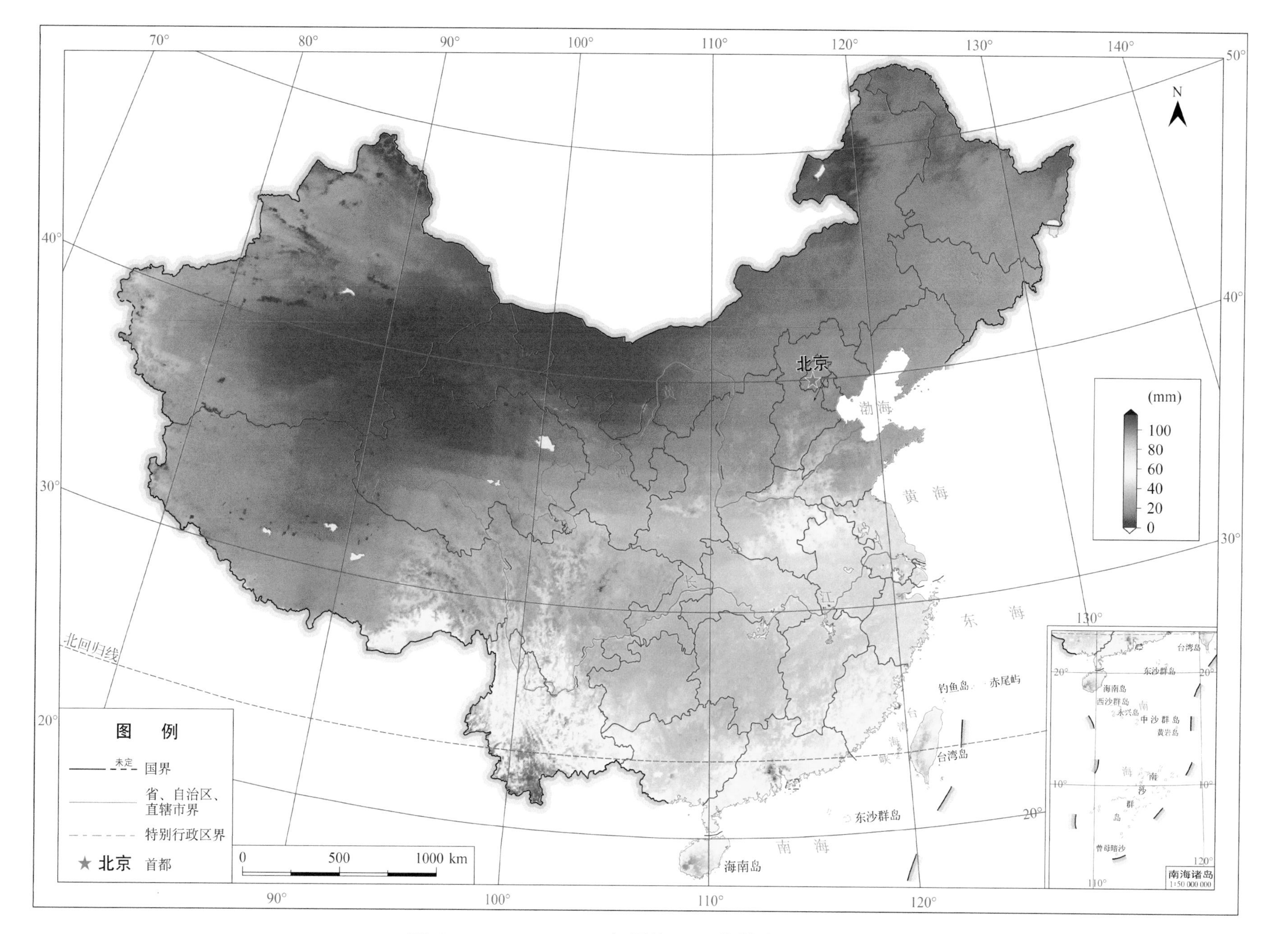


图 42 2003—2017 年平均 3 月蒸散发空间分布

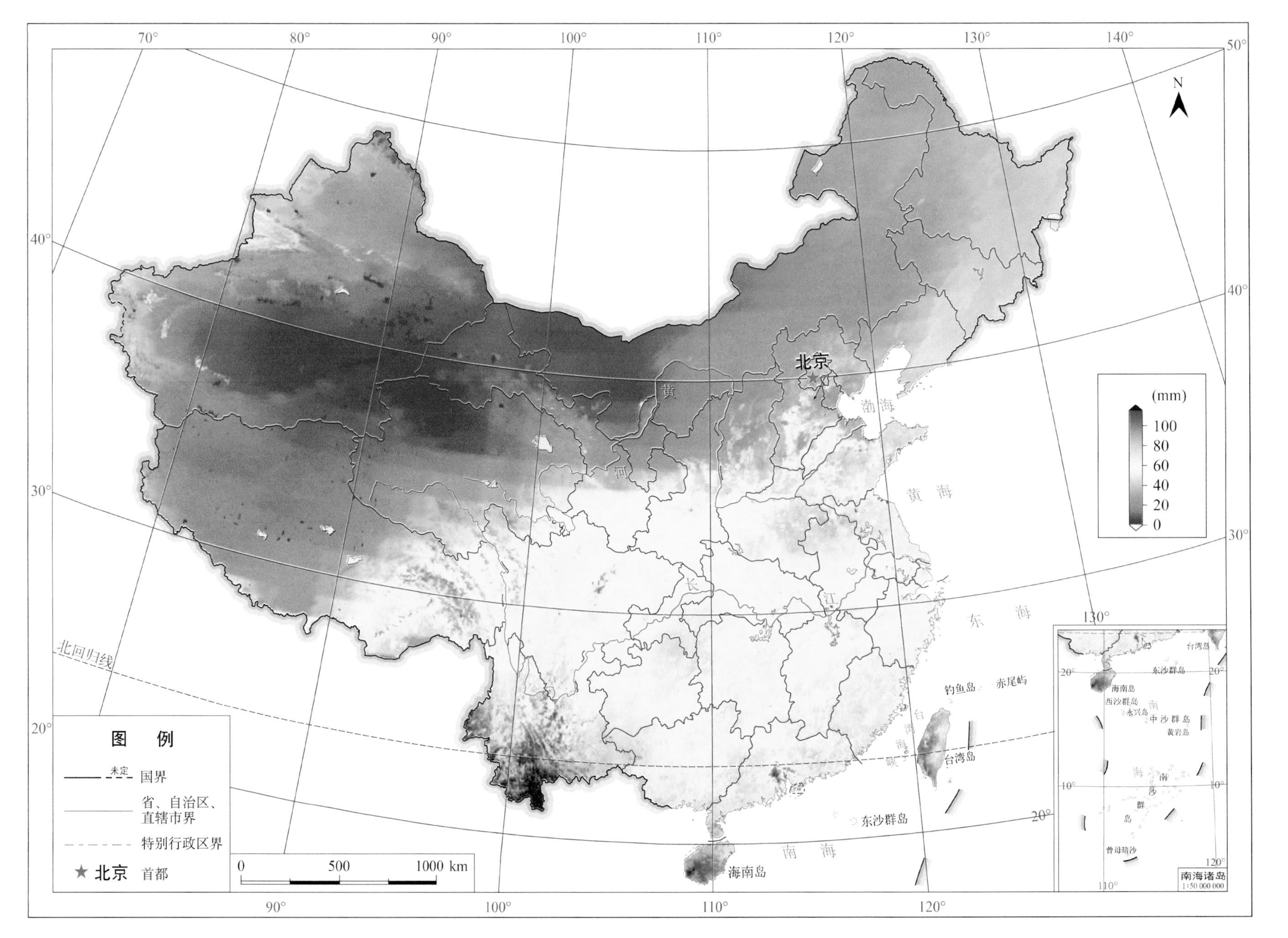


图 43　2003—2017 年平均 4 月蒸散发空间分布

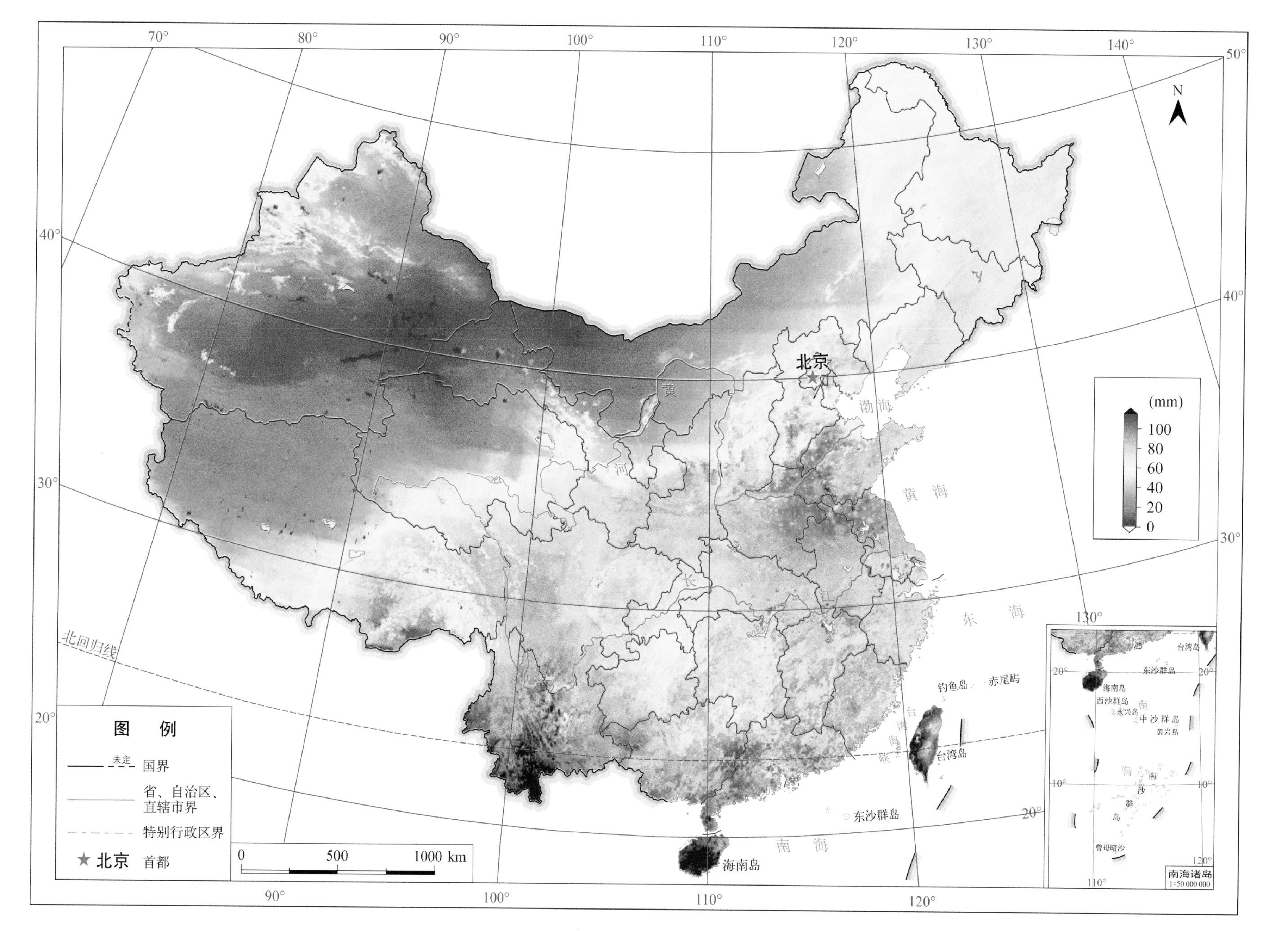


图44 2003—2017年平均5月蒸散发空间分布

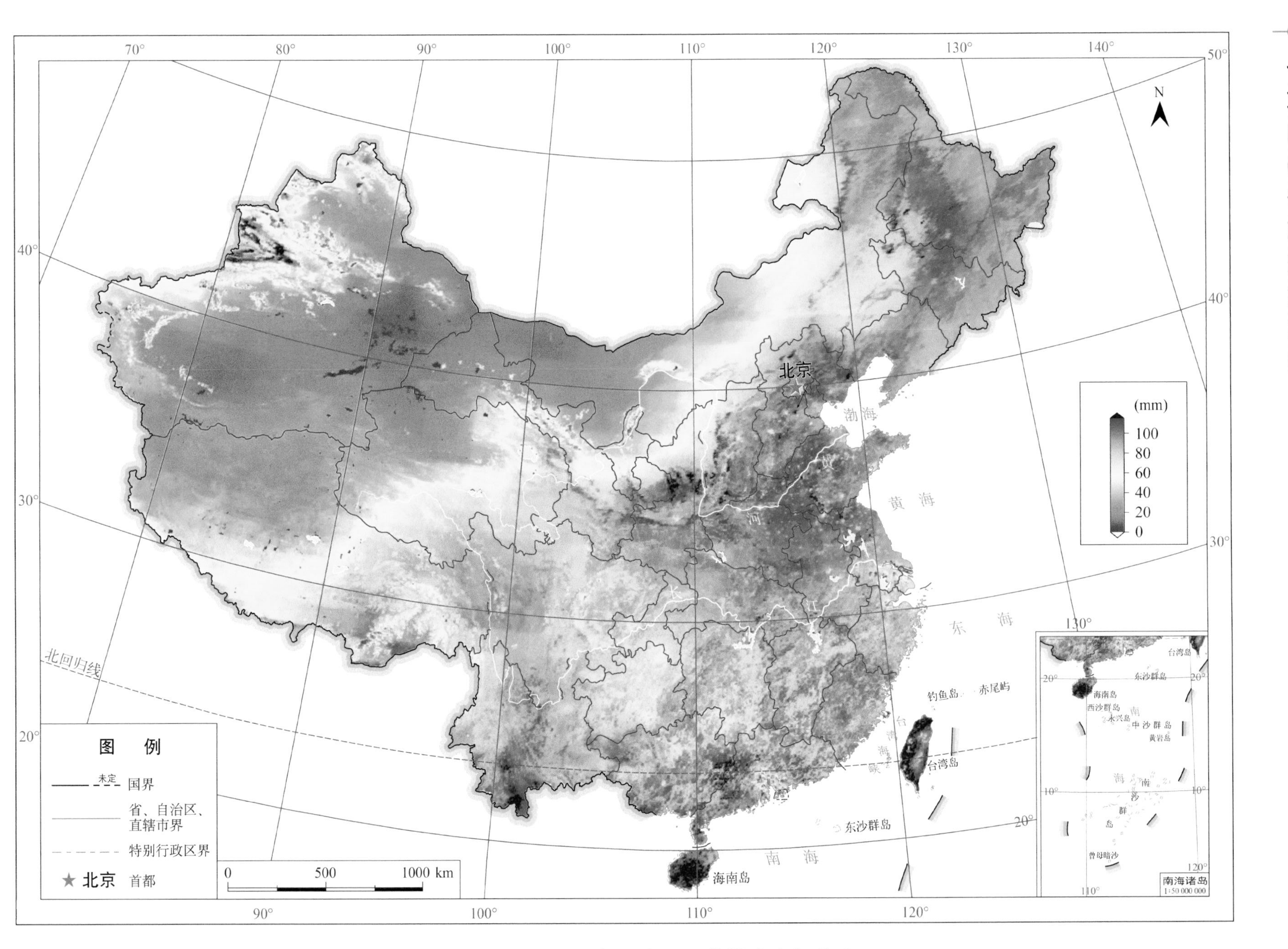


图 45 2003—2017 年平均 6 月蒸散发空间分布

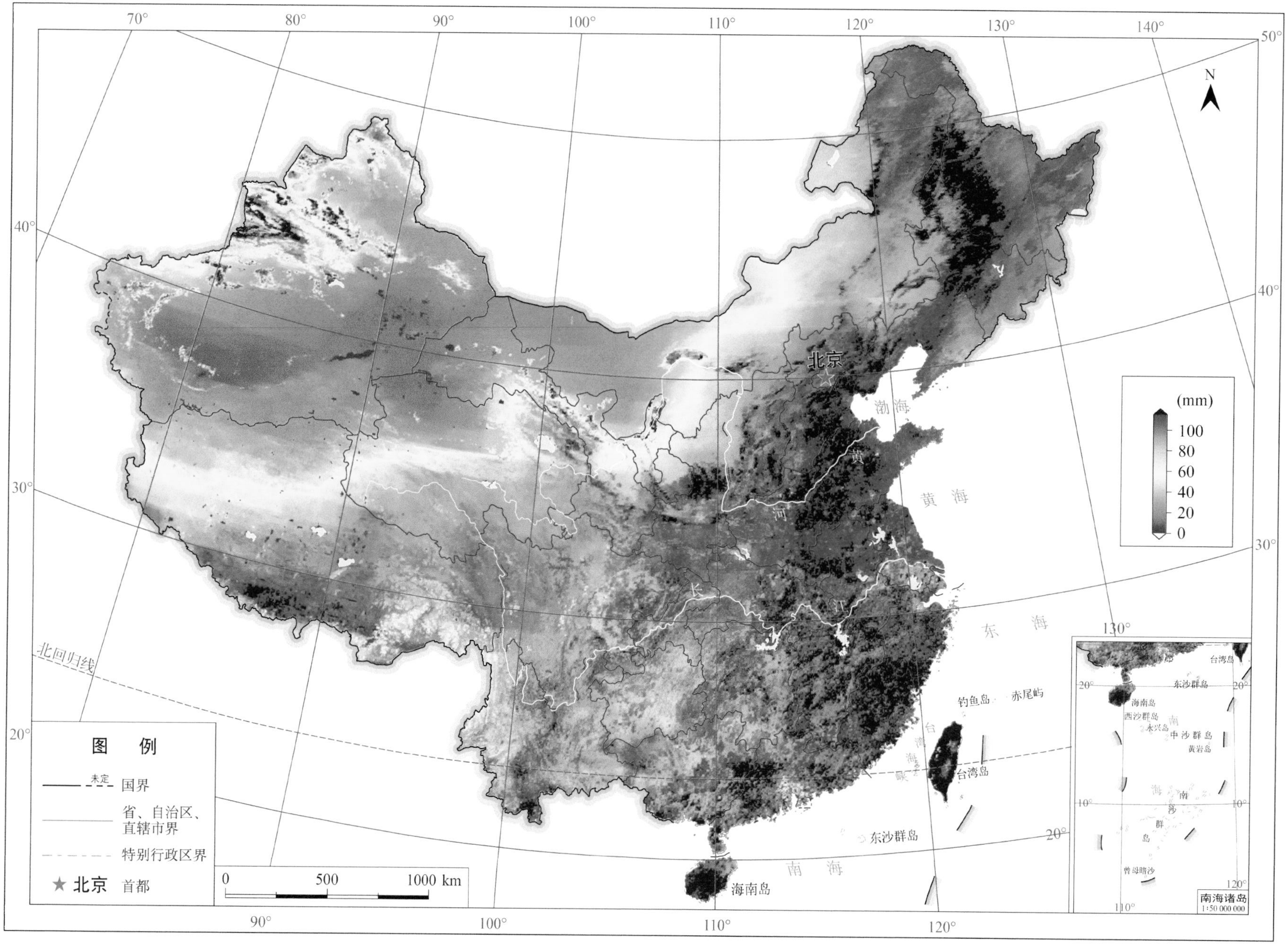

图46 2003—2017年平均7月蒸散发空间分布

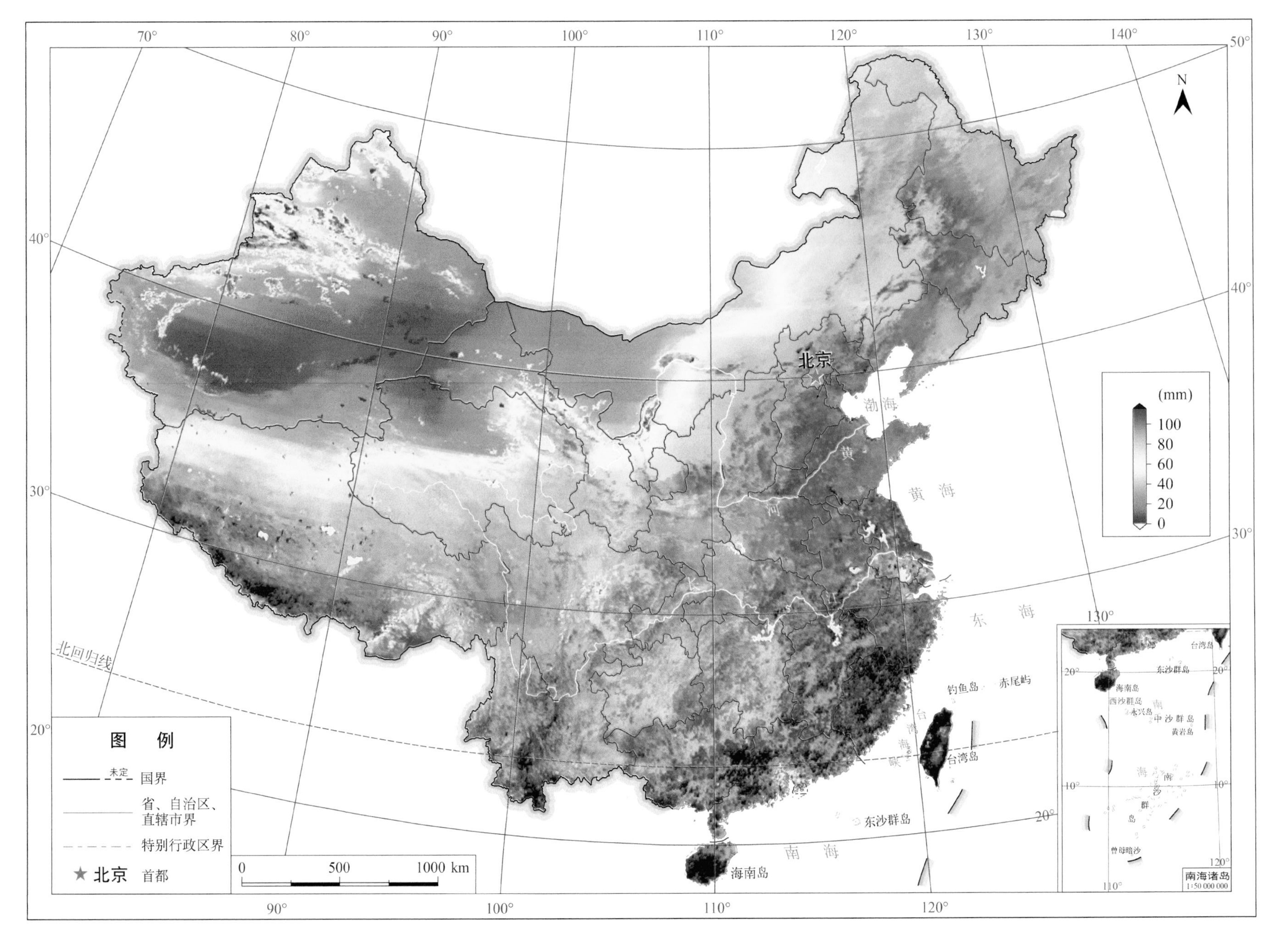


图 47 2003—2017 年平均 8 月蒸散发空间分布

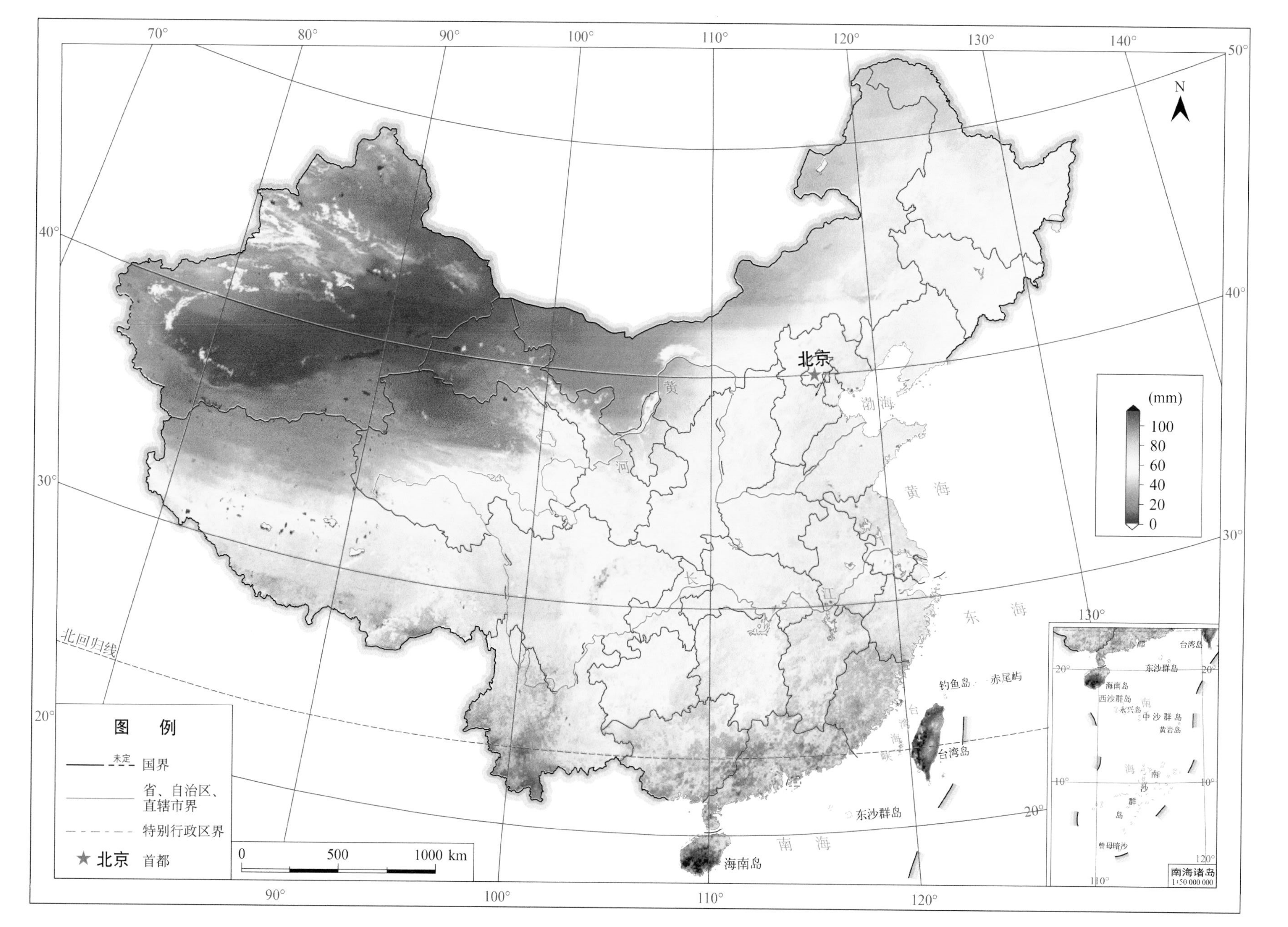


图 48 2003—2017 年平均 9 月蒸散发空间分布

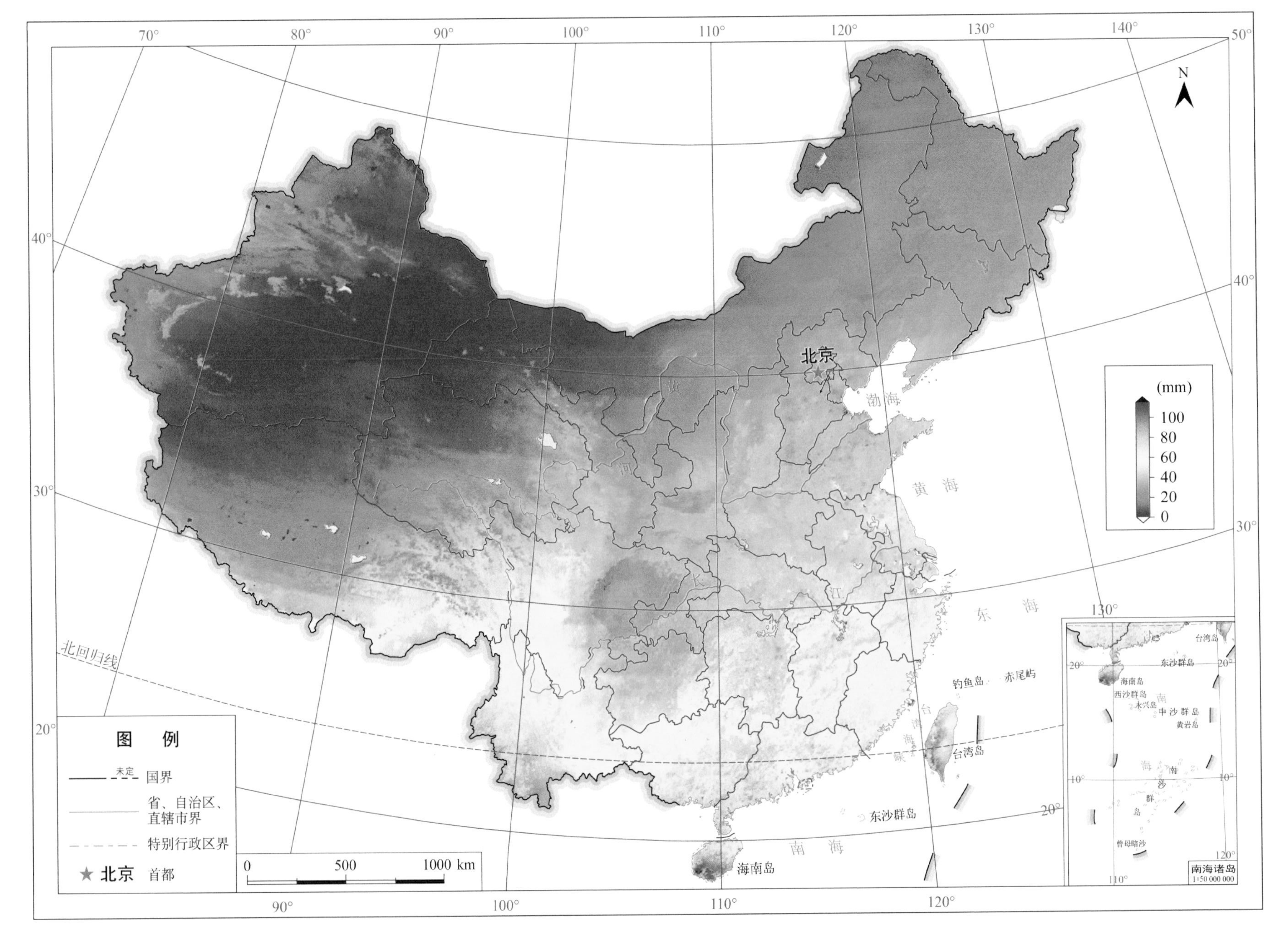


图 49 2003—2017 年平均 10 月蒸散发空间分布

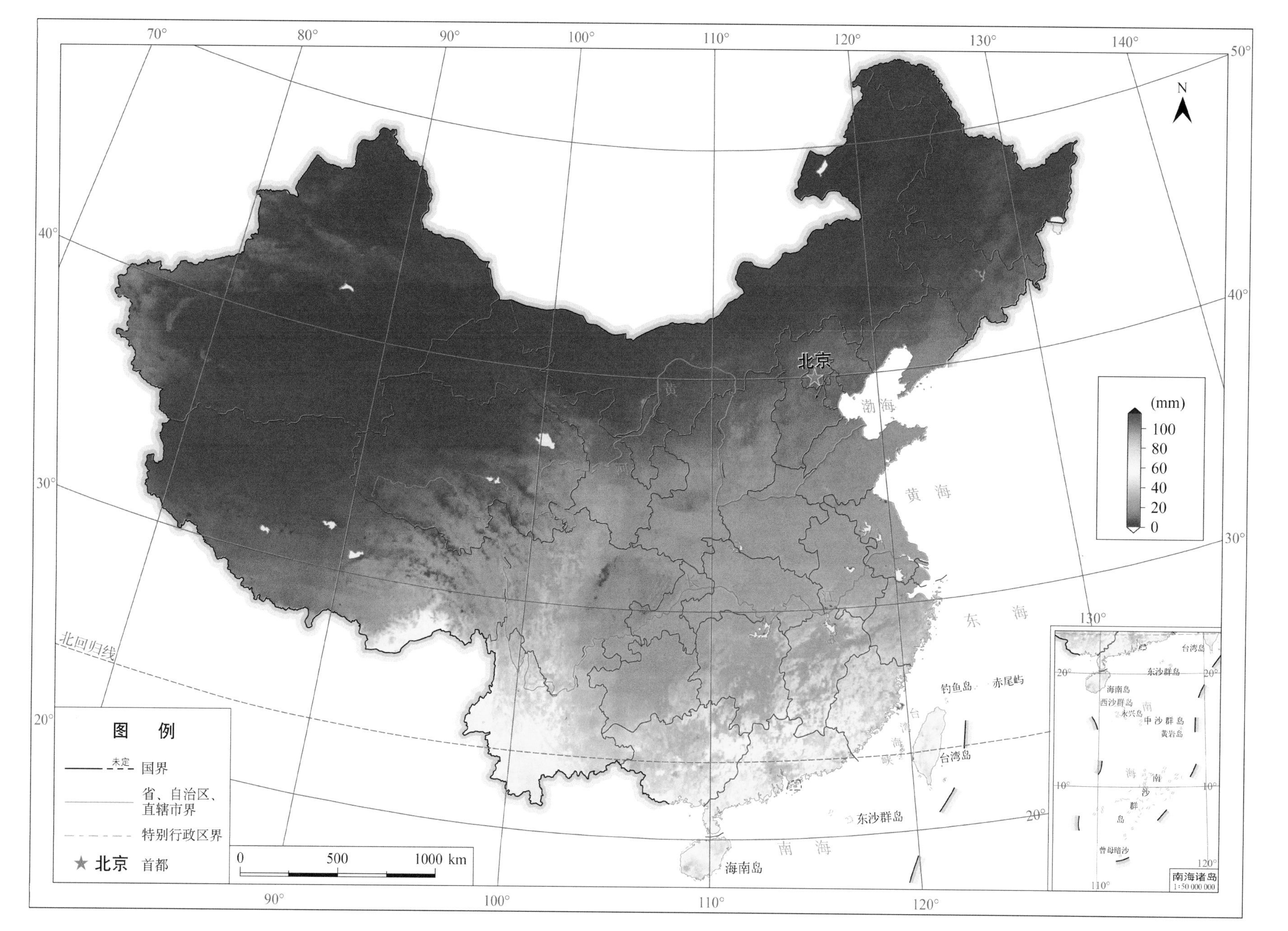


图50 2003—2017年平均11月蒸散发空间分布

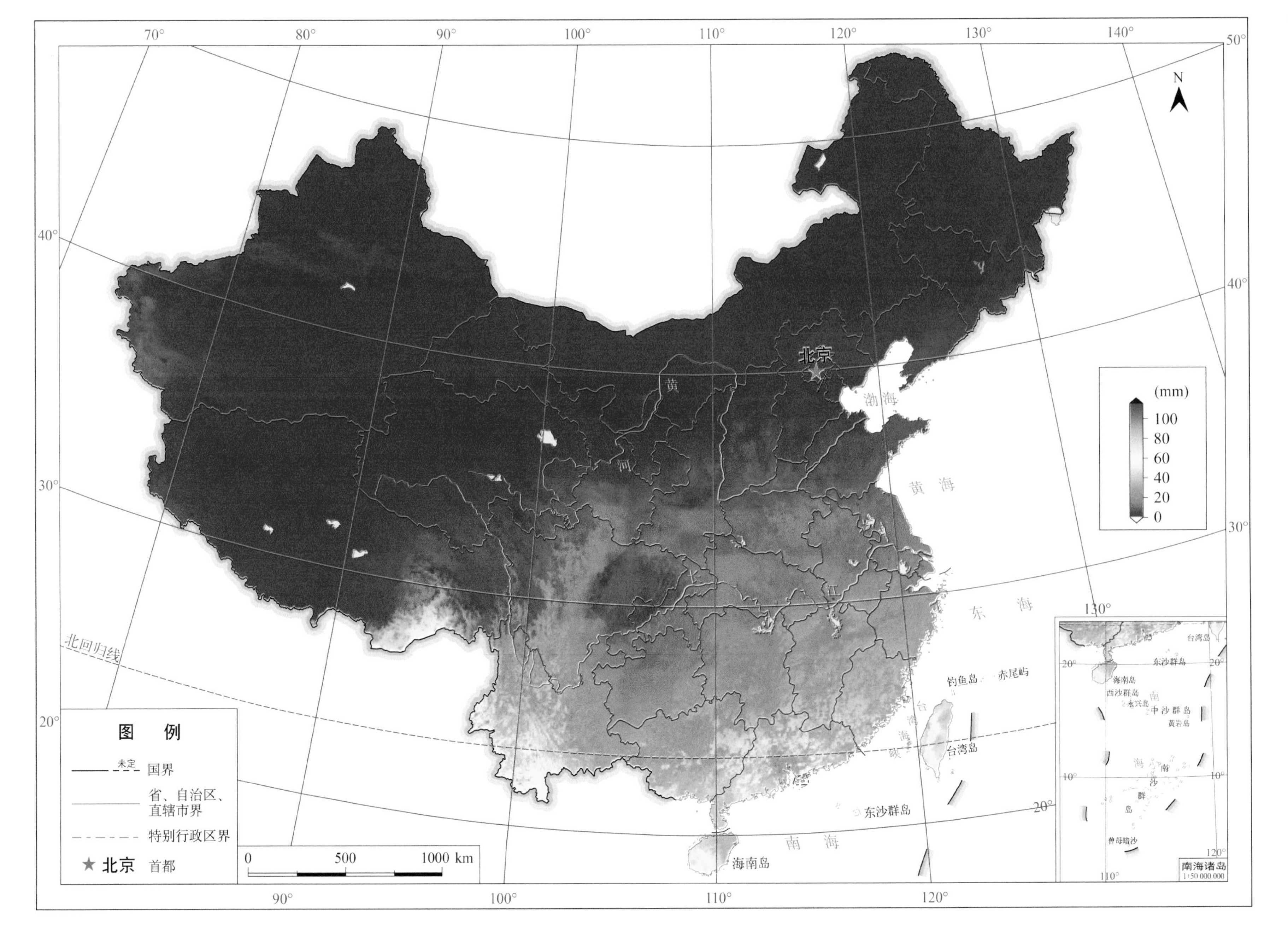


图51 2003—2017年平均12月蒸发空间分布

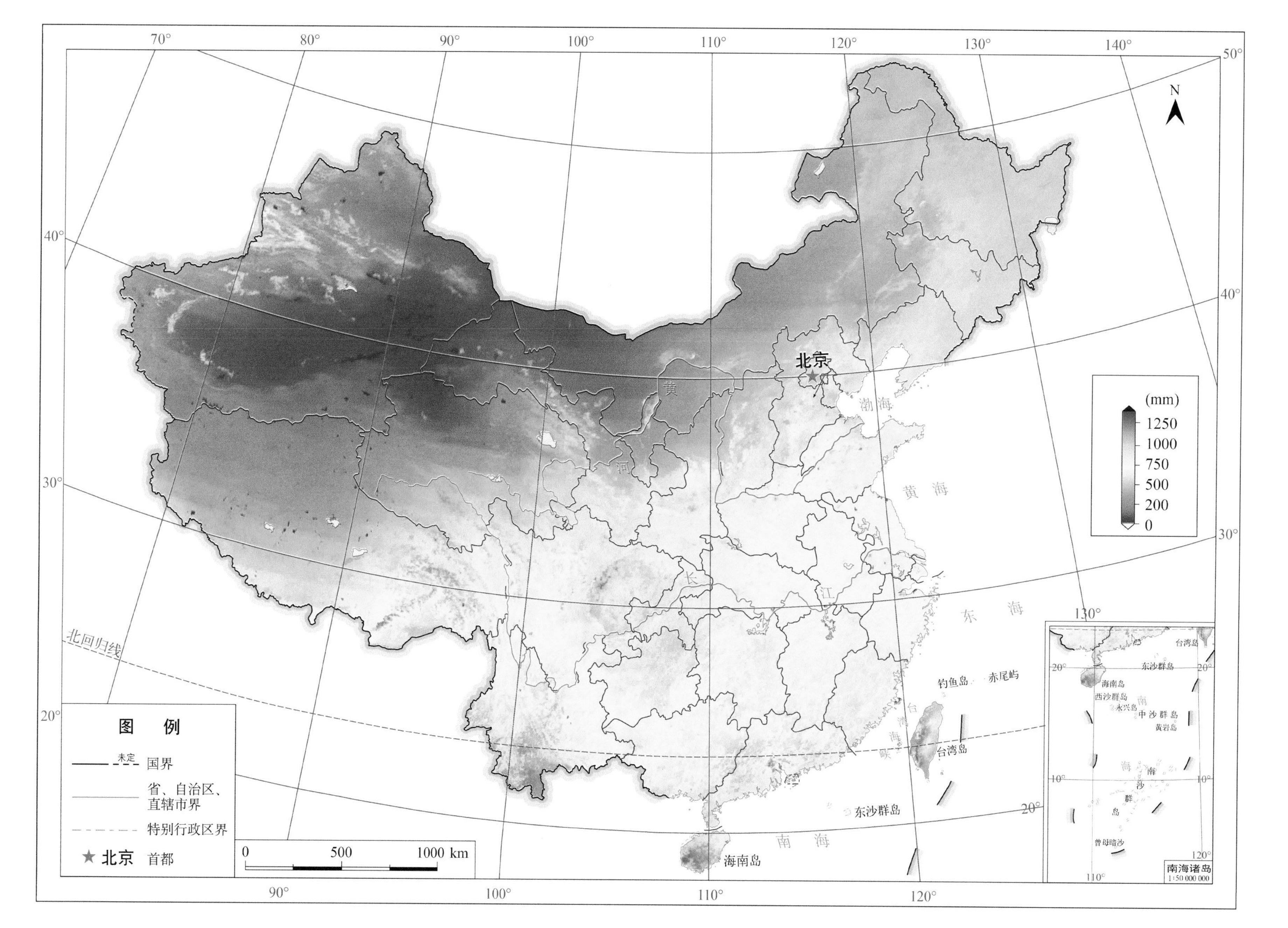


图 52 2003—2017 年平均年蒸散发空间分布

# 图组 5
# 中国区域生态系统
# 水分利用效率时空分布

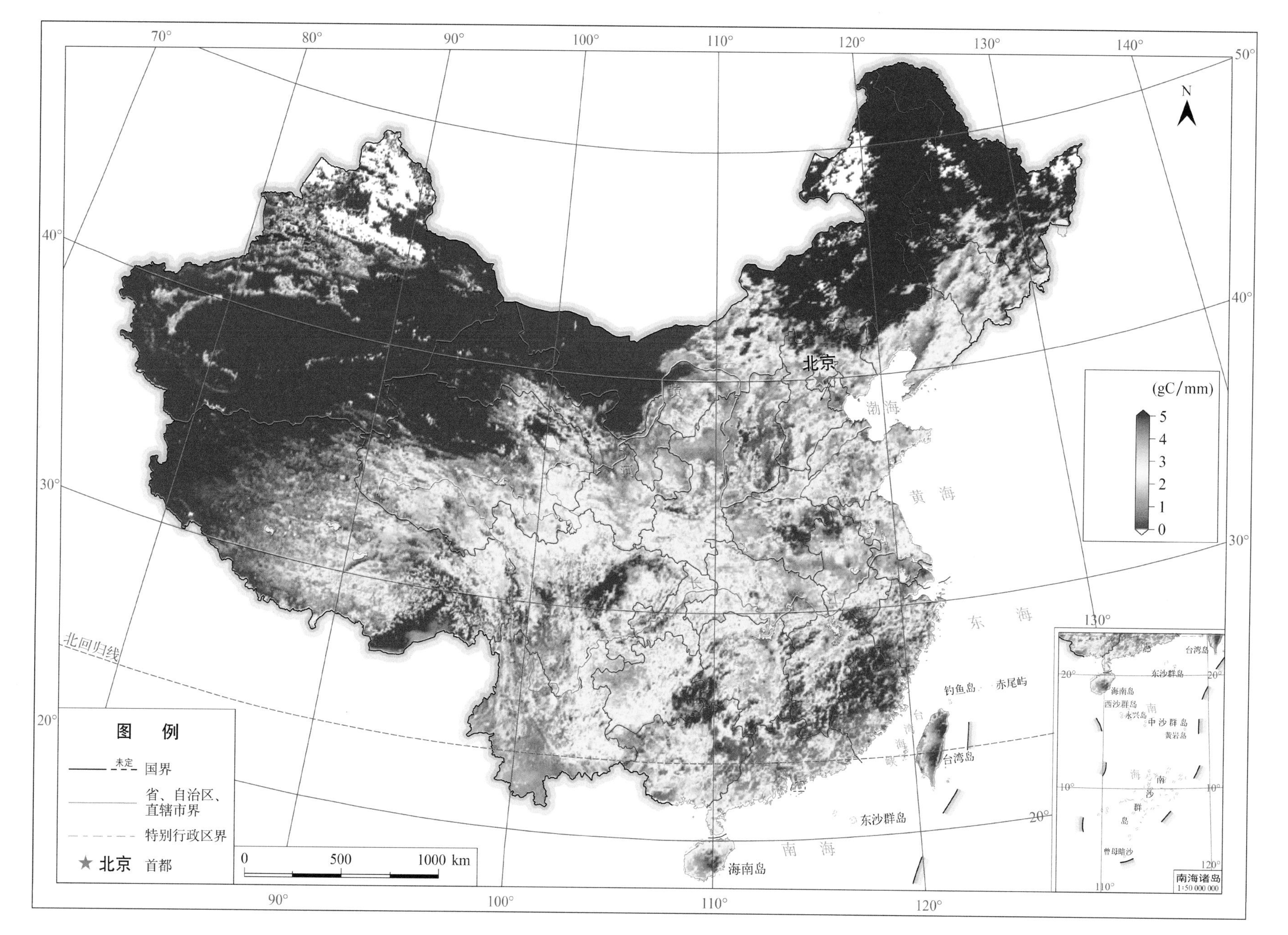


图53 2003—2017年平均1月生态系统水分利用效率空间分布

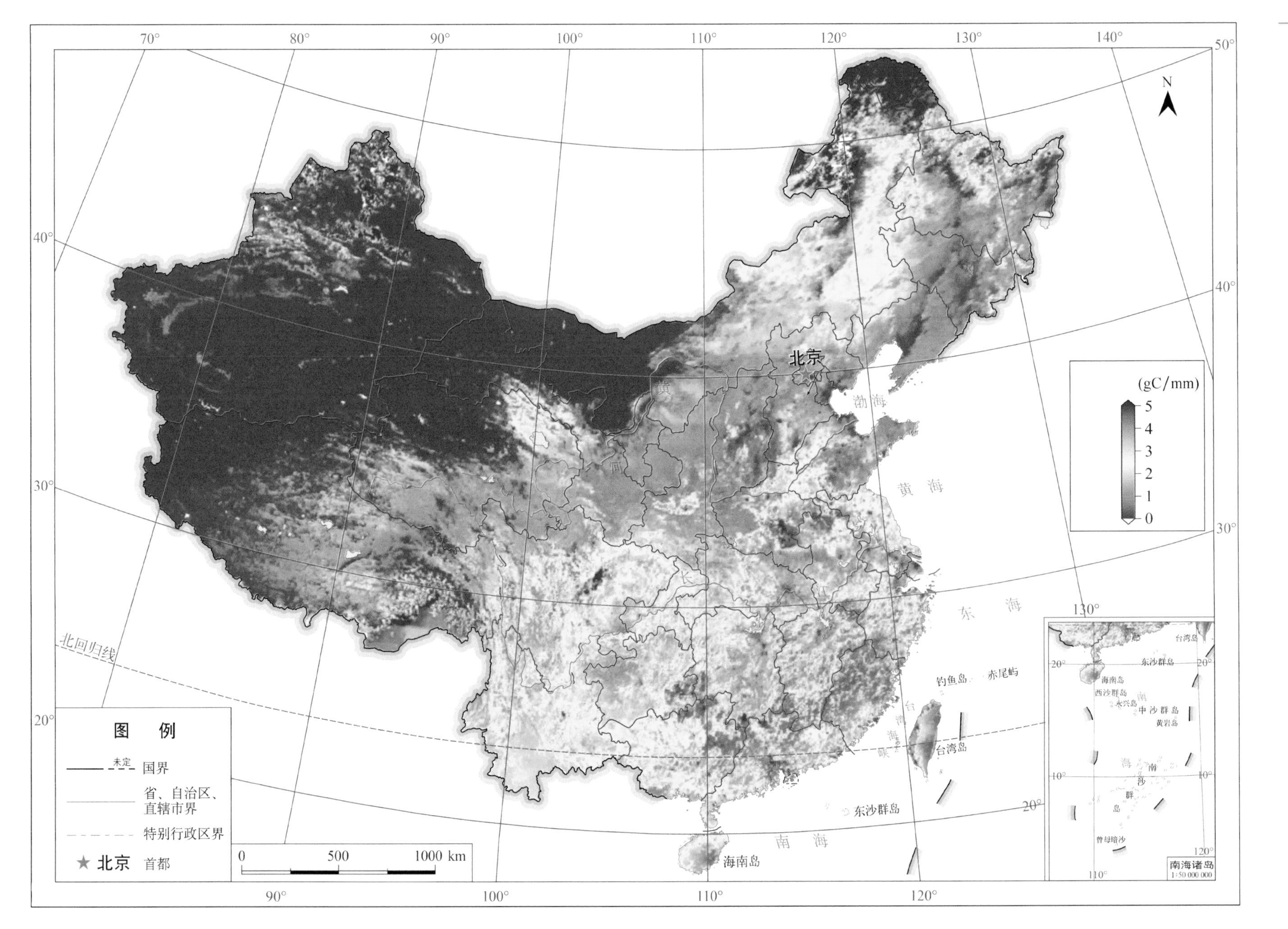


图 54 2003—2017 年平均 2 月生态系统水分利用效率空间分布

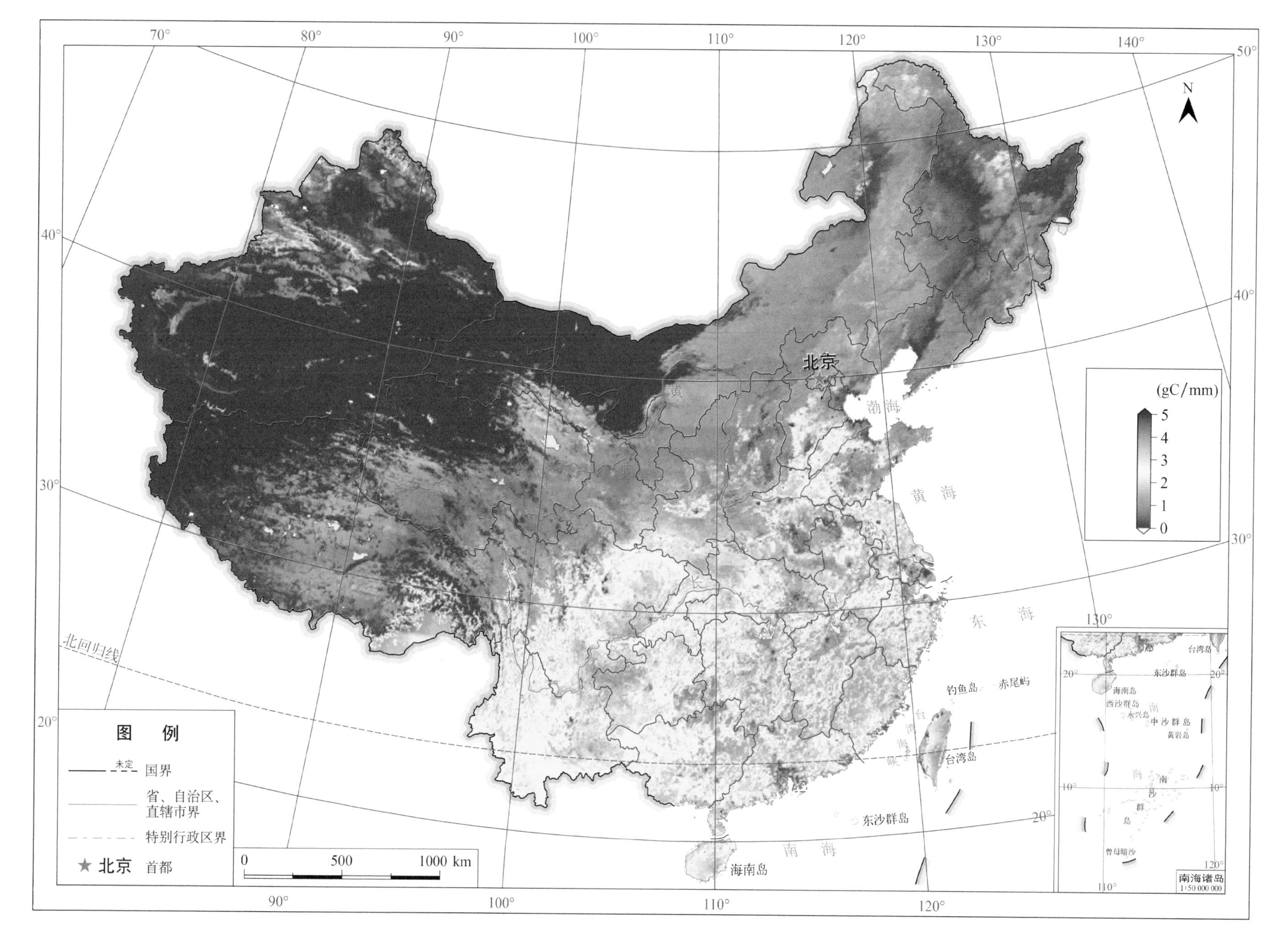


图55 2003—2017年平均3月生态系统水分利用效率空间分布

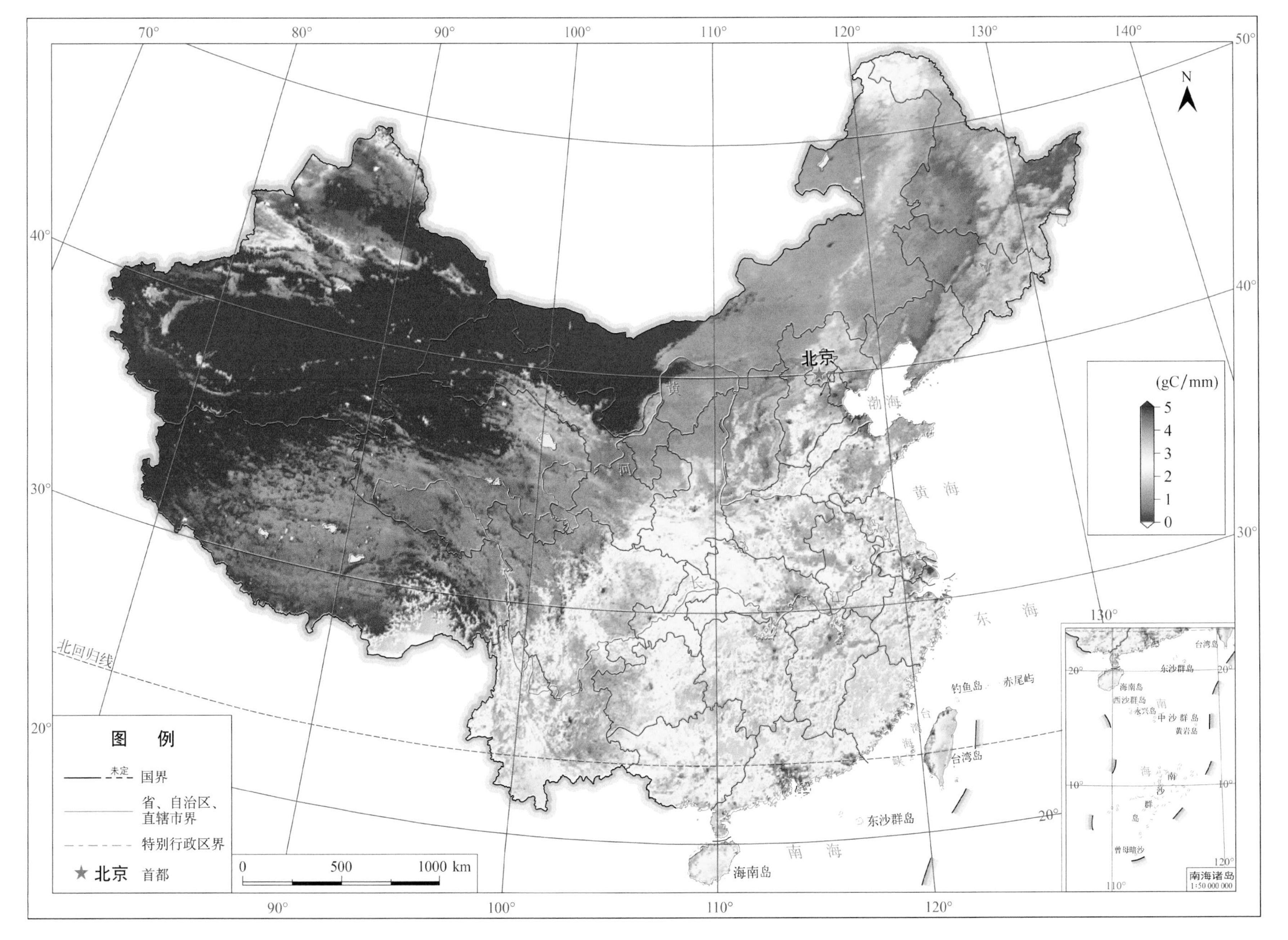


图 56 2003—2017 年平均 4 月生态系统水分利用效率空间分布

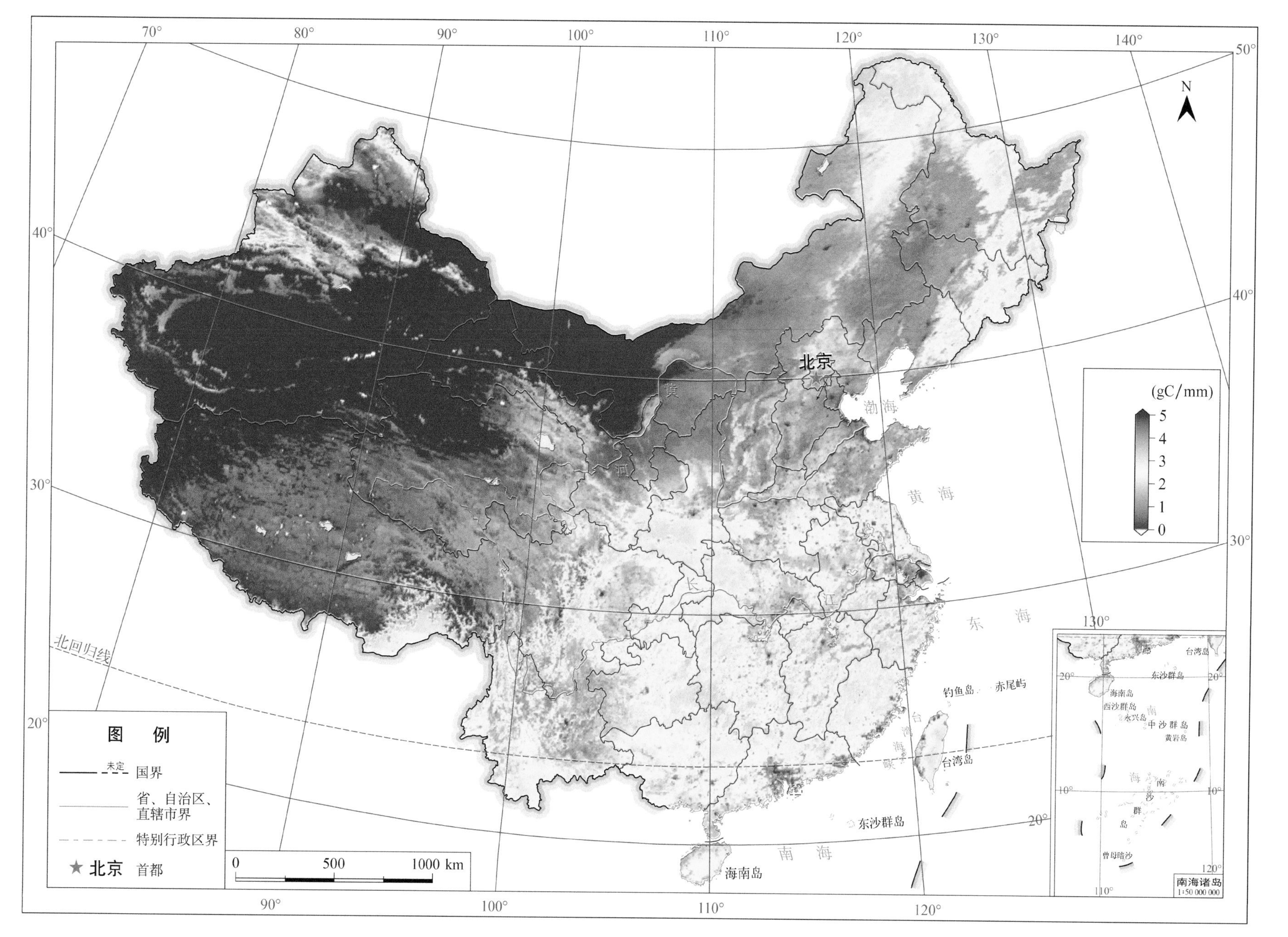


图 57　2003—2017 年平均 5 月生态系统水分利用效率空间分布

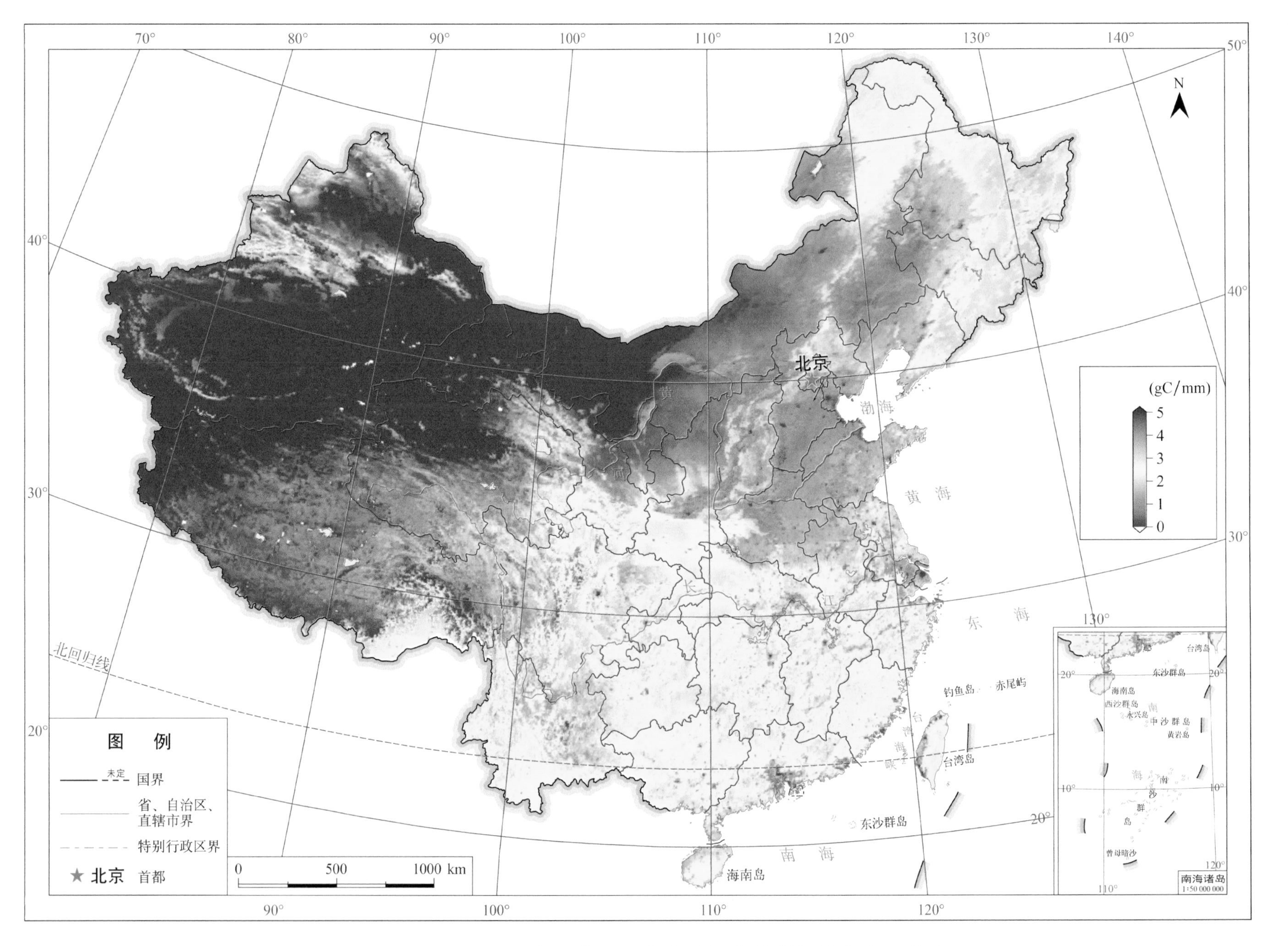


图 58 2003—2017 年平均 6 月生态系统水分利用效率空间分布

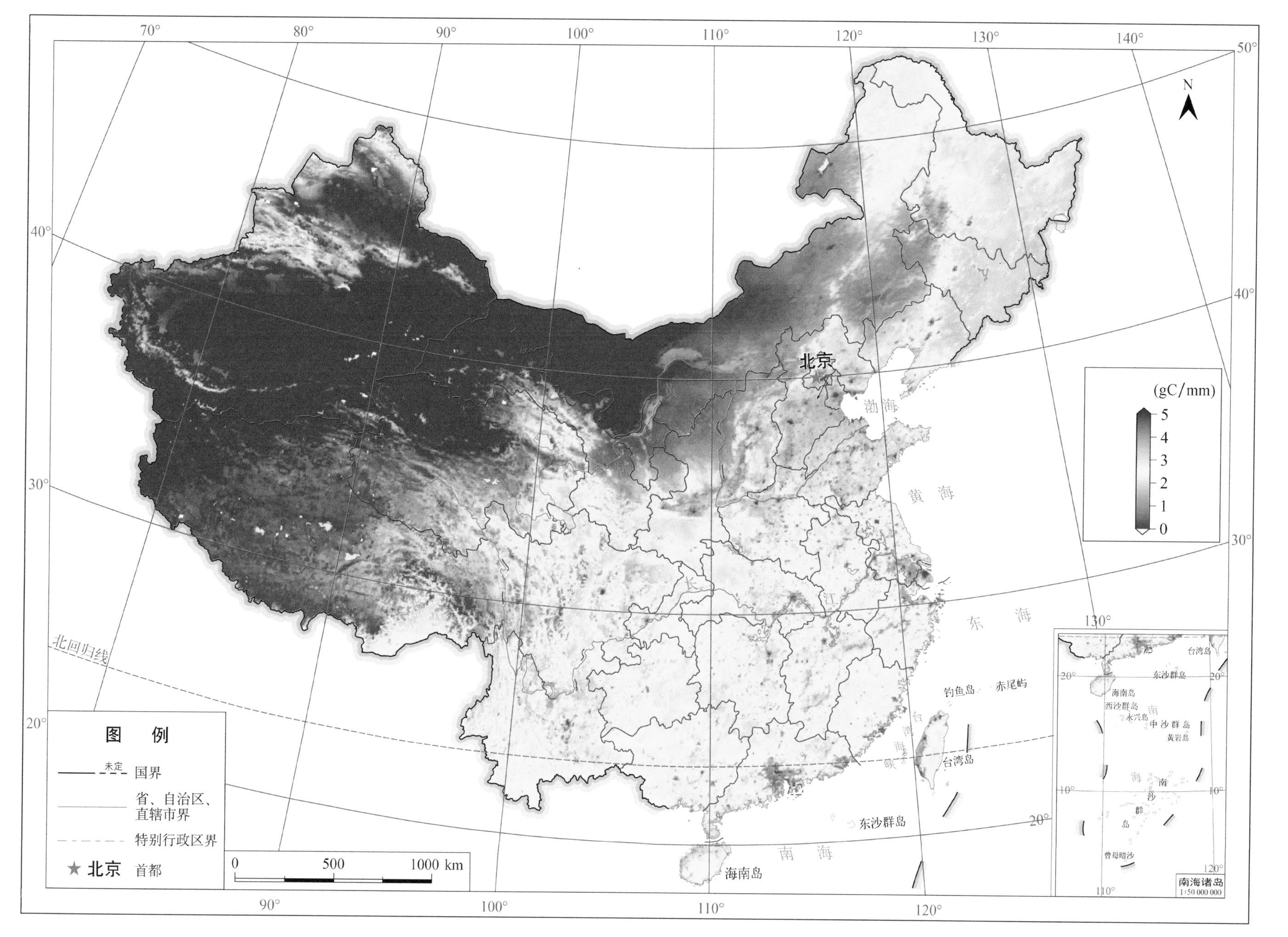


图59 2003—2017年平均7月生态系统水分利用效率空间分布

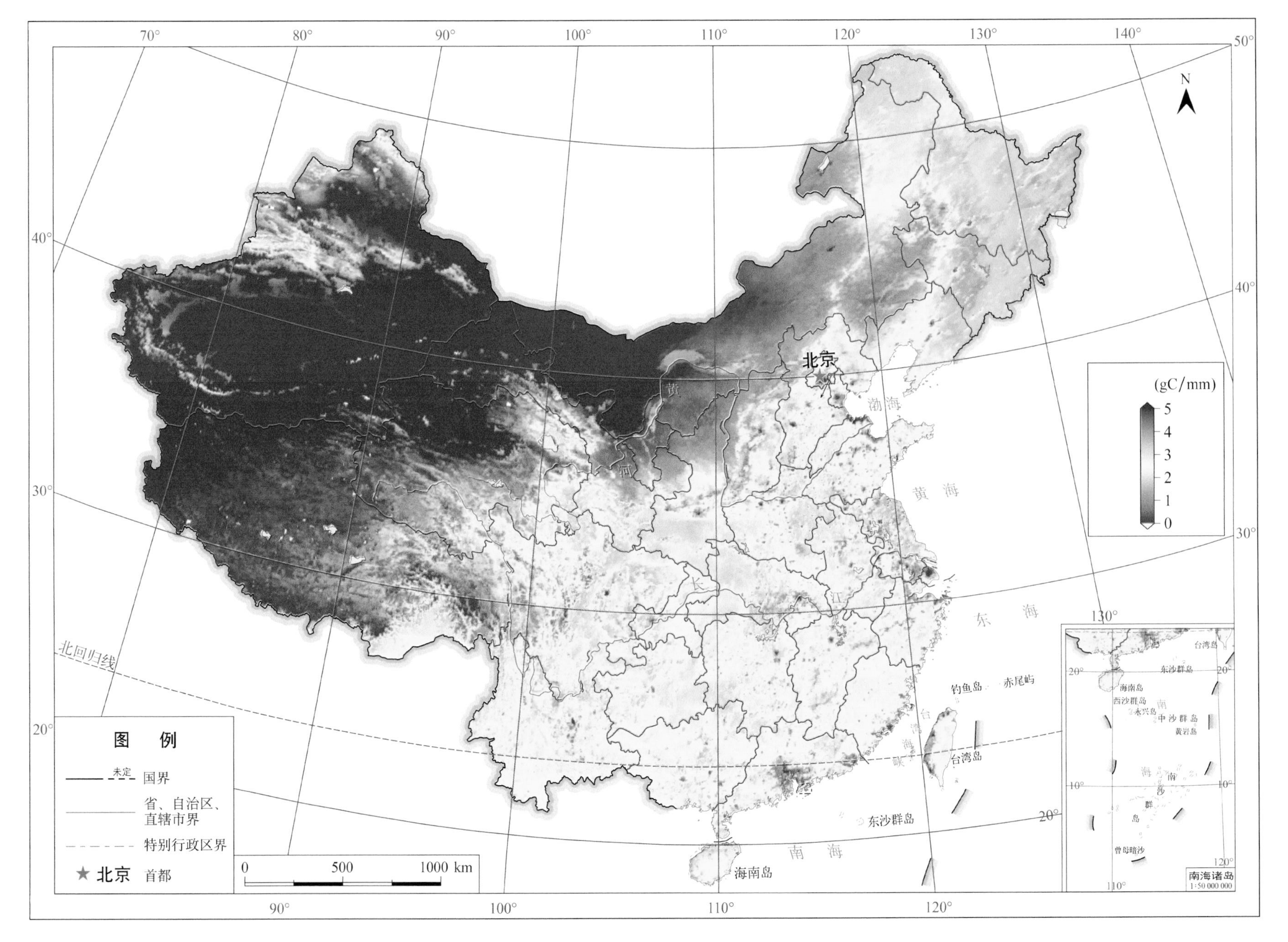


图 60　2003—2017 年平均 8 月生态系统水分利用效率空间分布

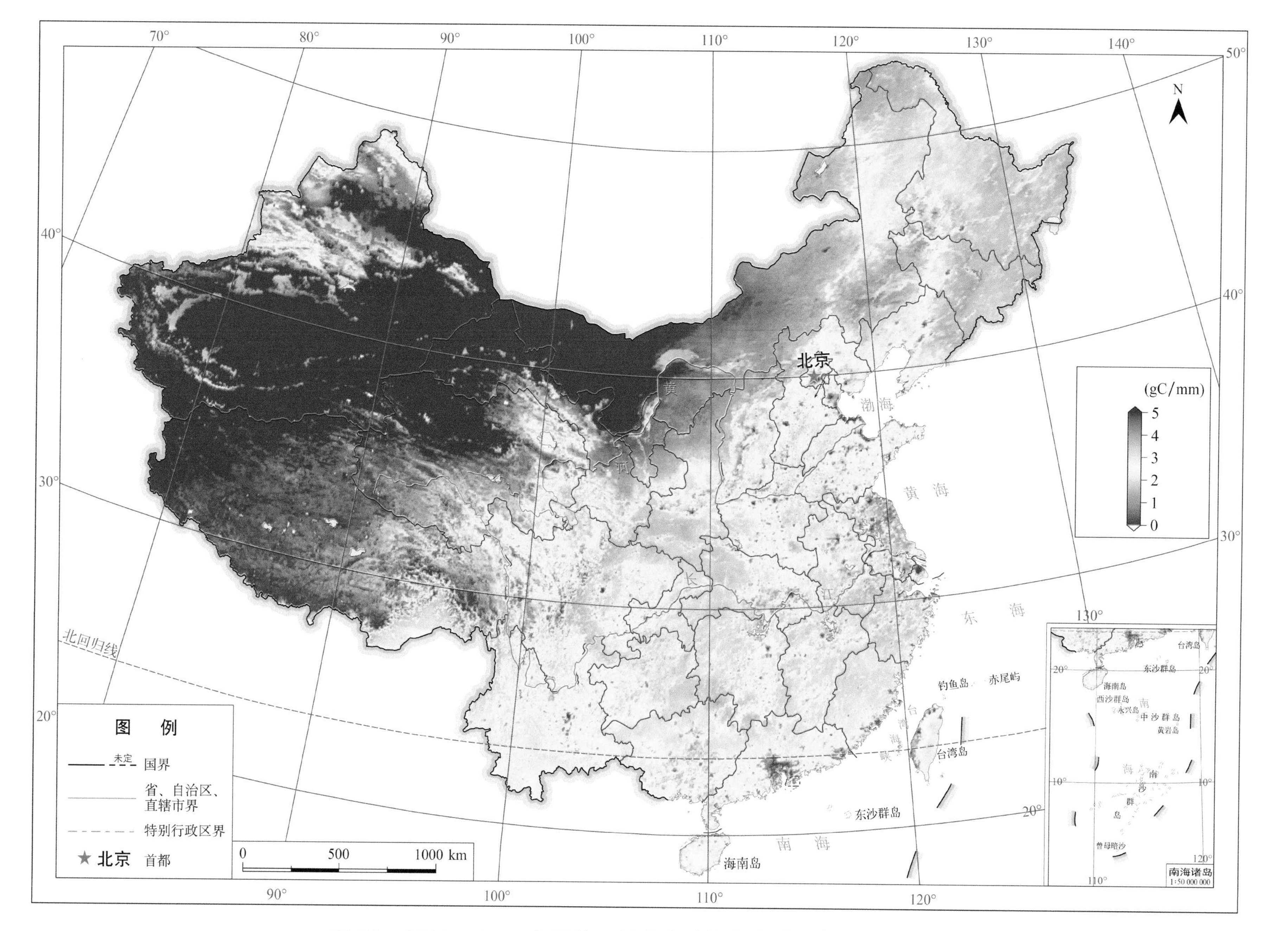


图 61 2003—2017 年平均 9 月生态系统水分利用效率空间分布

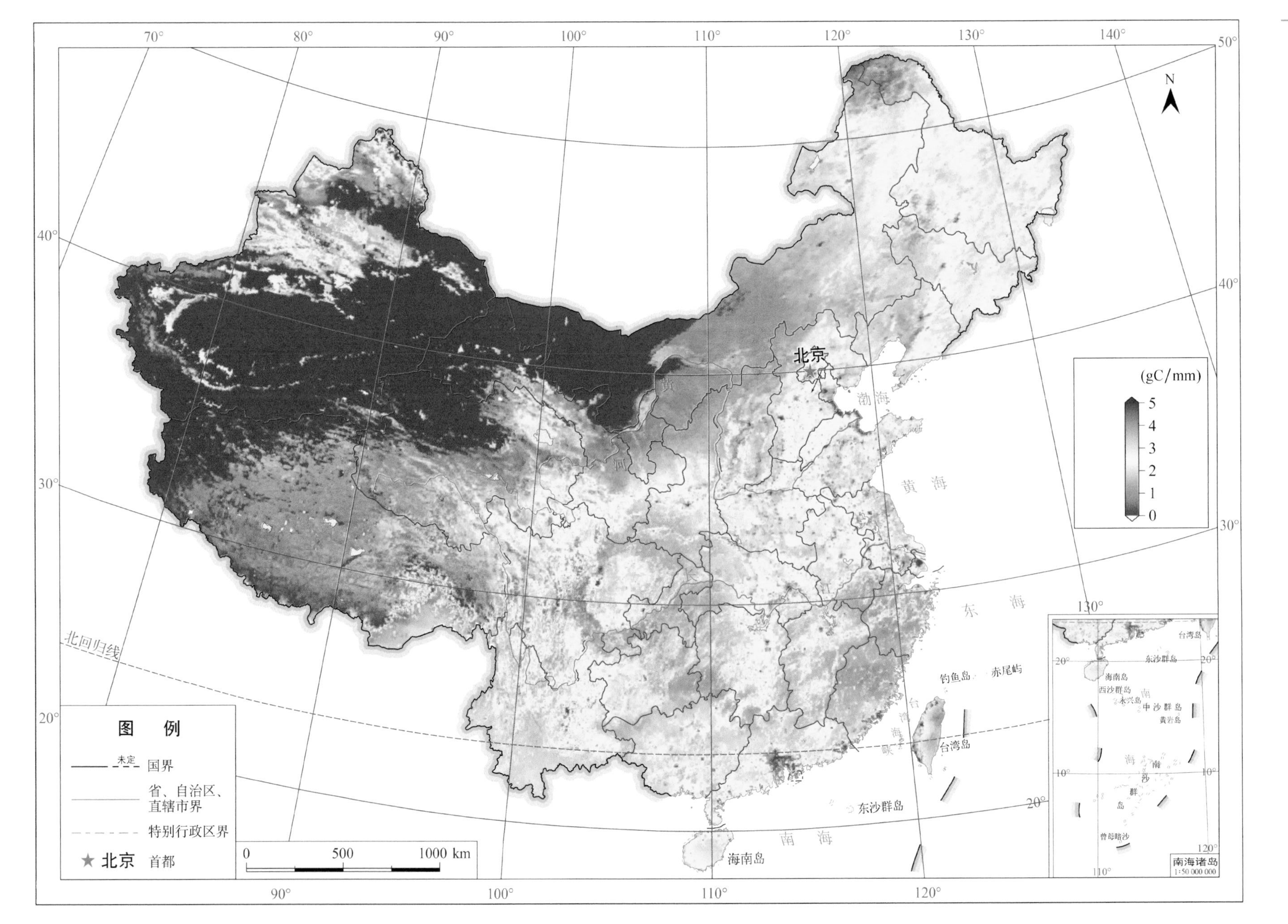


图62 2003—2017年平均10月生态系统水分利用效率空间分布

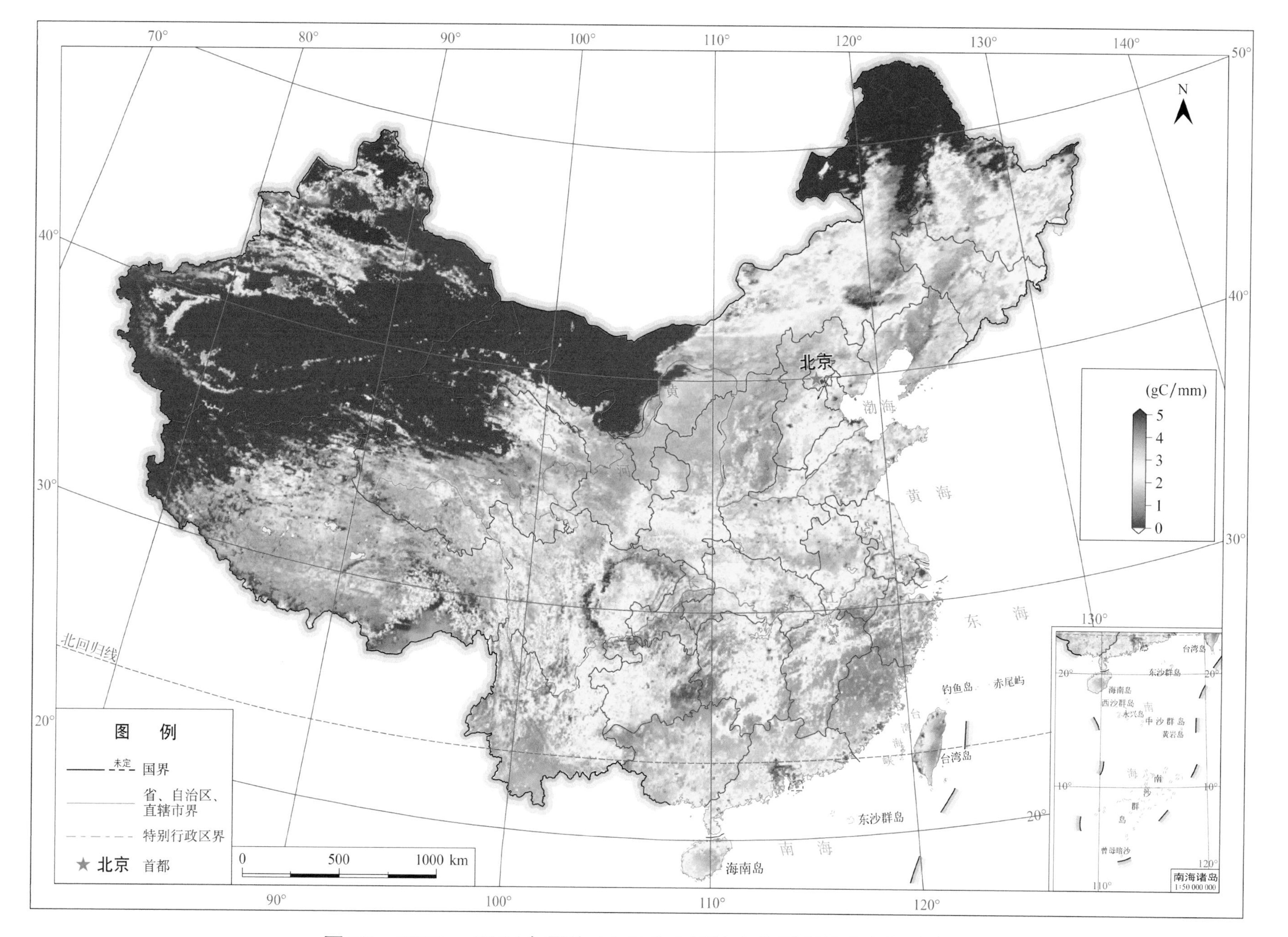


图63 2003—2017年平均11月生态系统水分利用效率空间分布

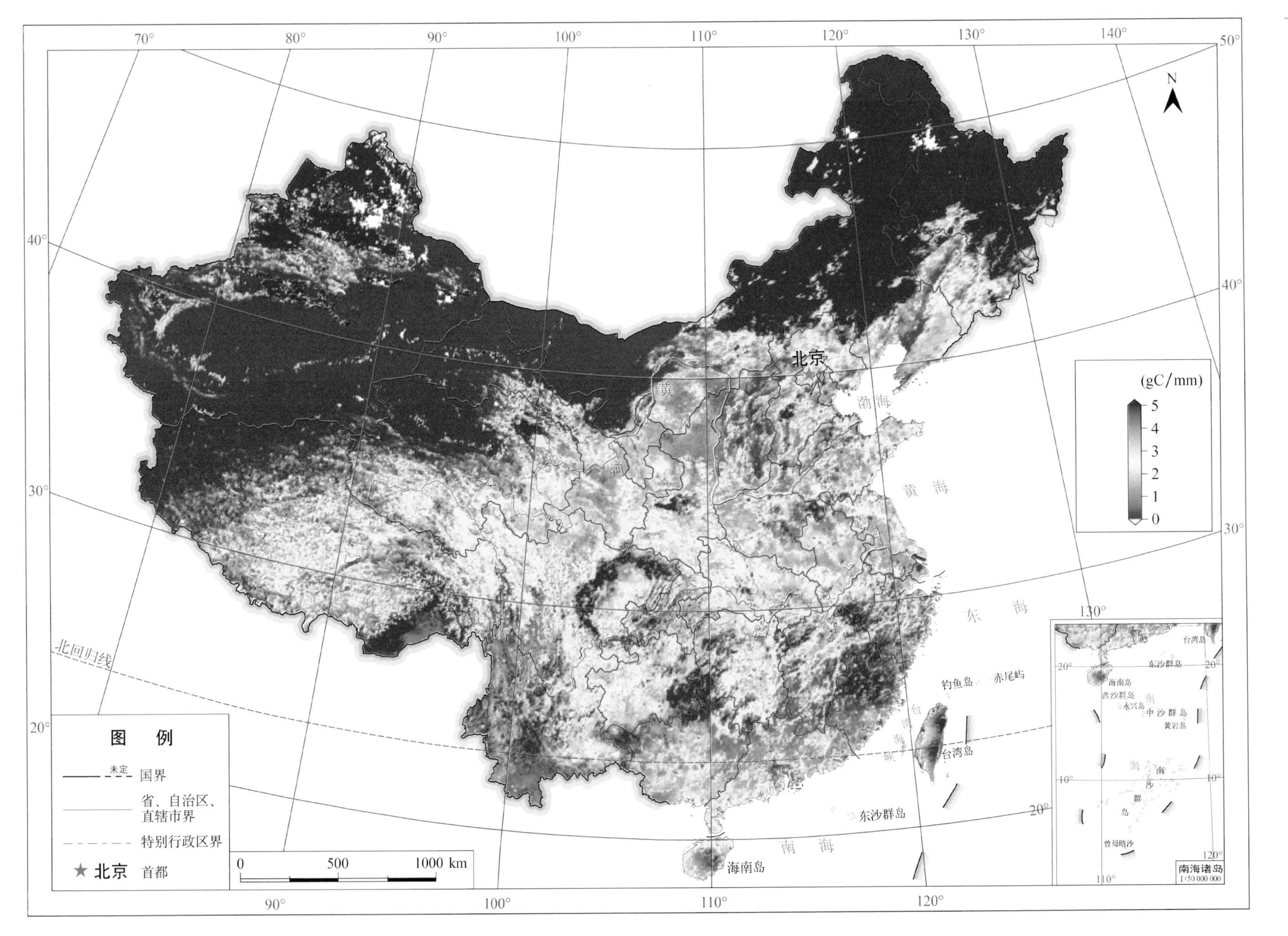


图 64　2003—2017 年平均 12 月生态系统水分利用效率空间分布

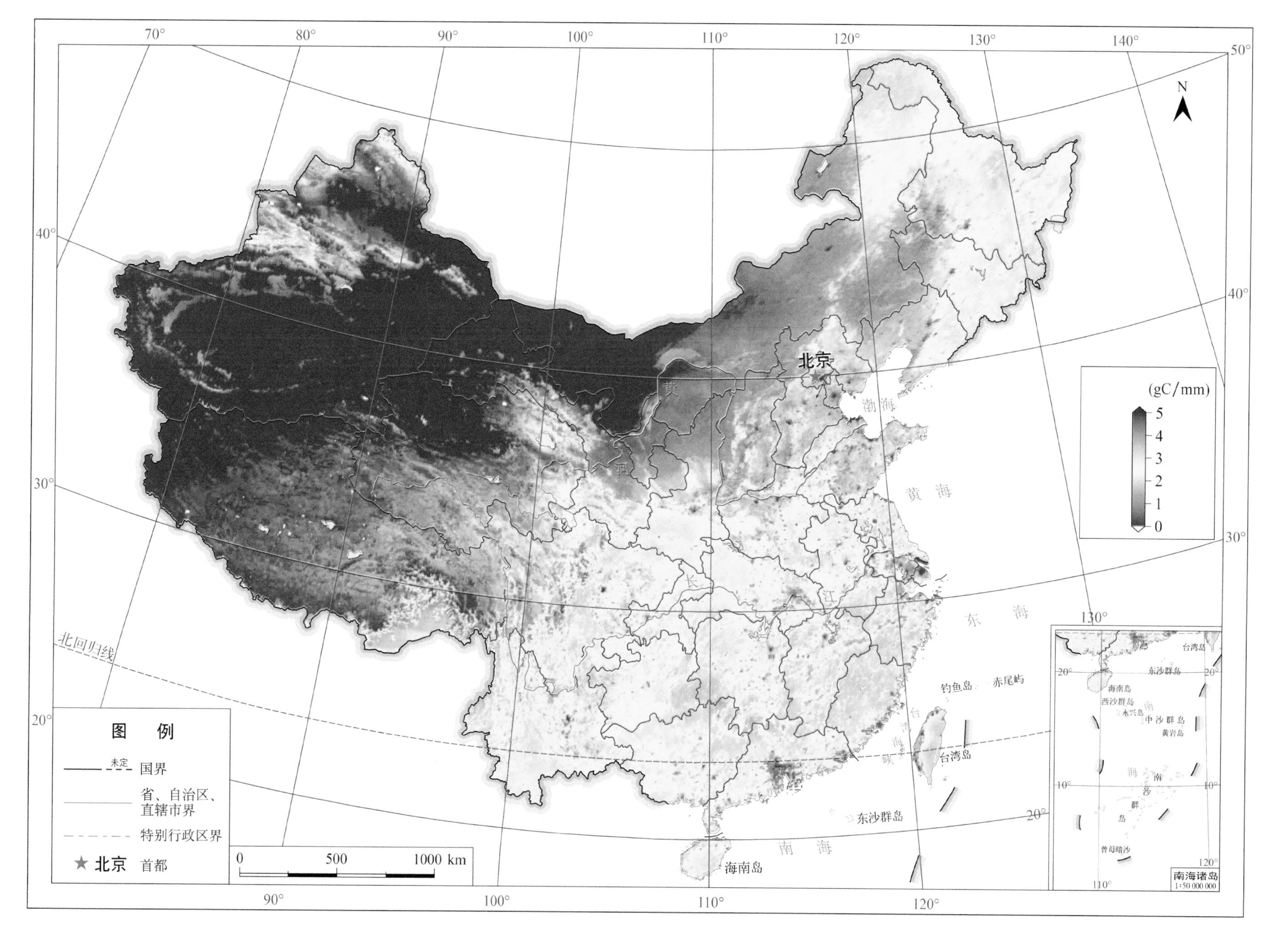


图 65 2003—2017 年平均年生态系统水分利用效率空间分布

# 图组 6
# 中国区域植被水分利用效率时空分布

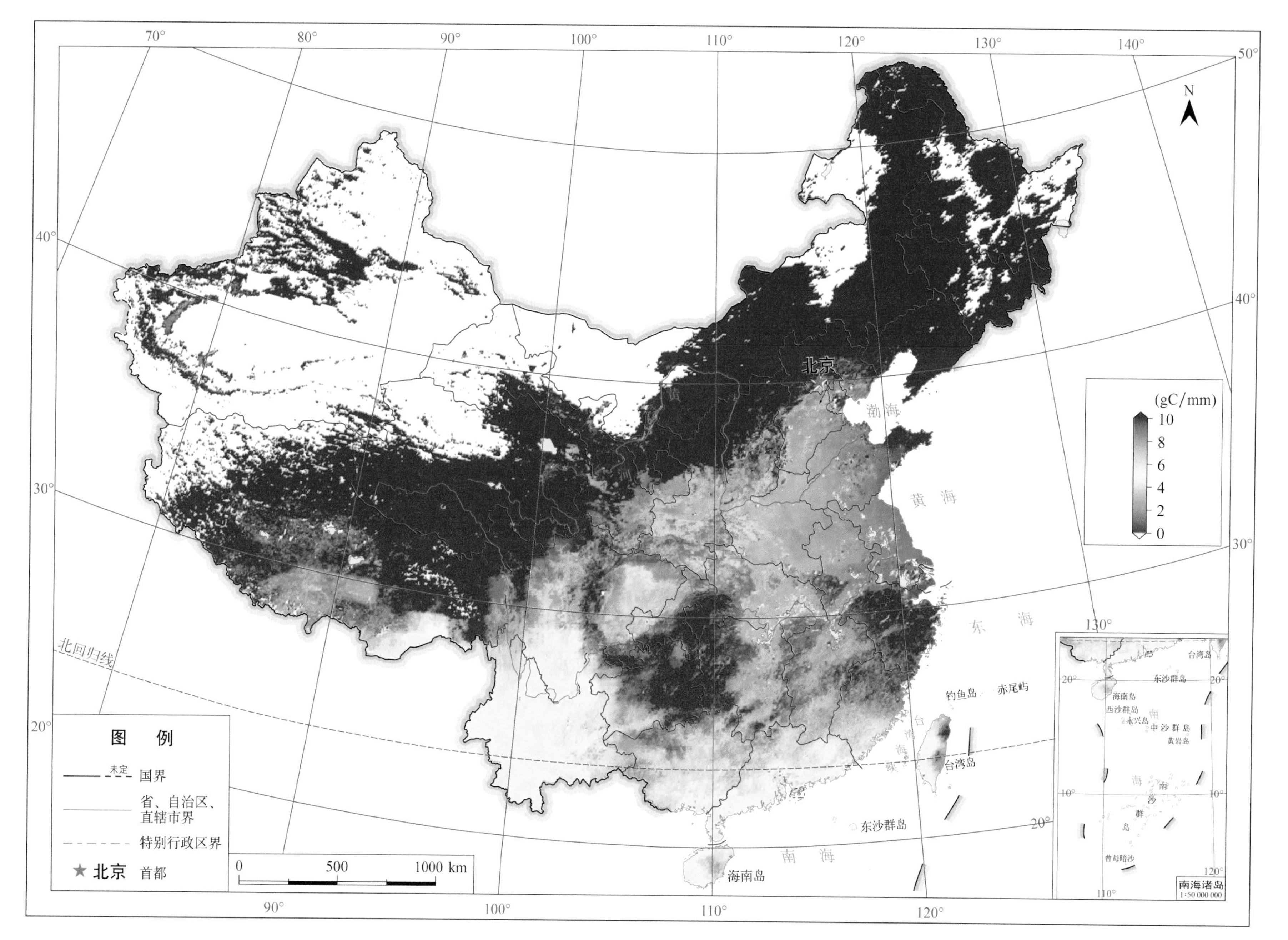


图 66 2003—2017 年平均 1 月植被水分利用效率空间分布

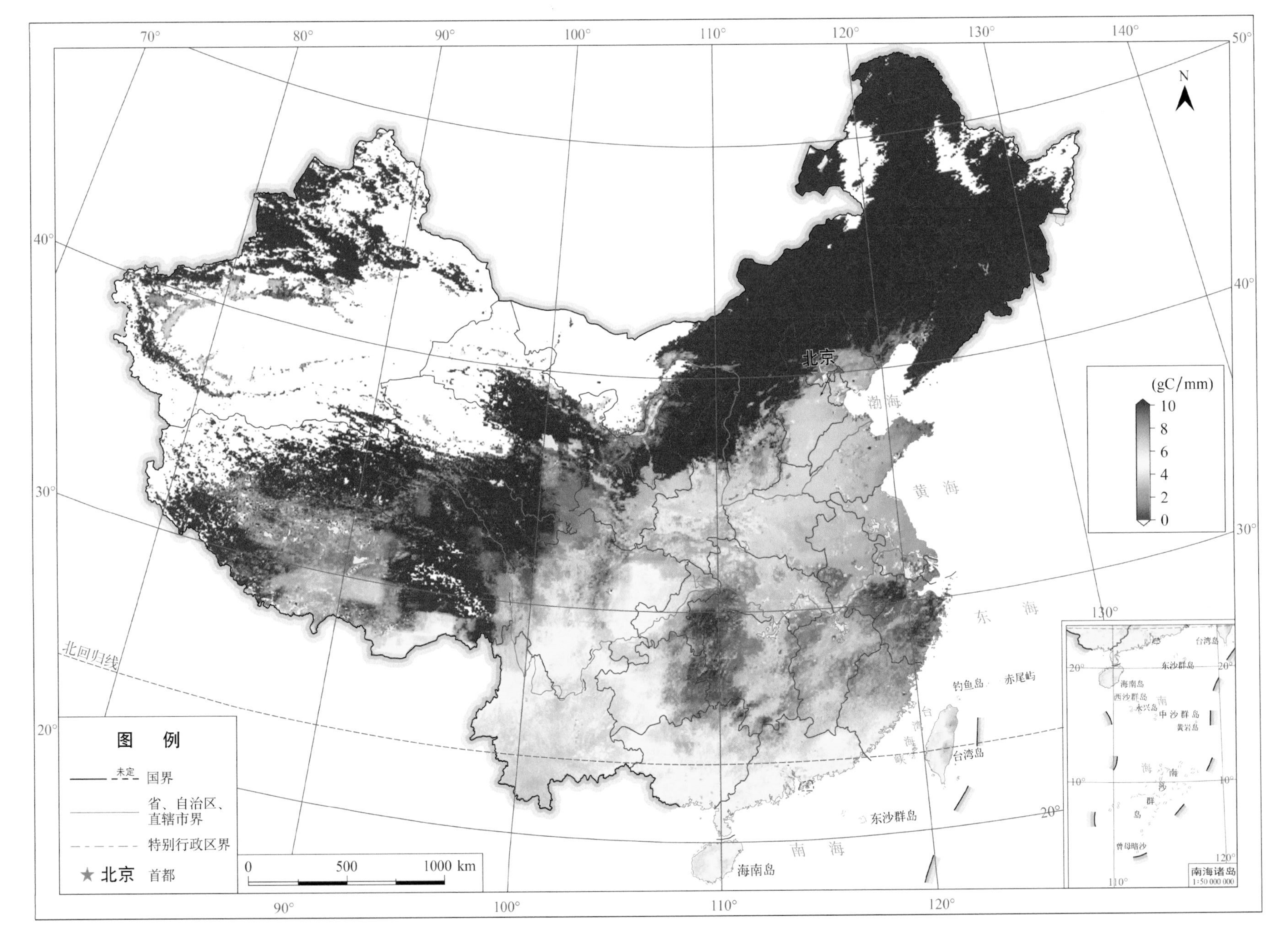


图67　2003—2017年平均2月植被水分利用效率空间分布

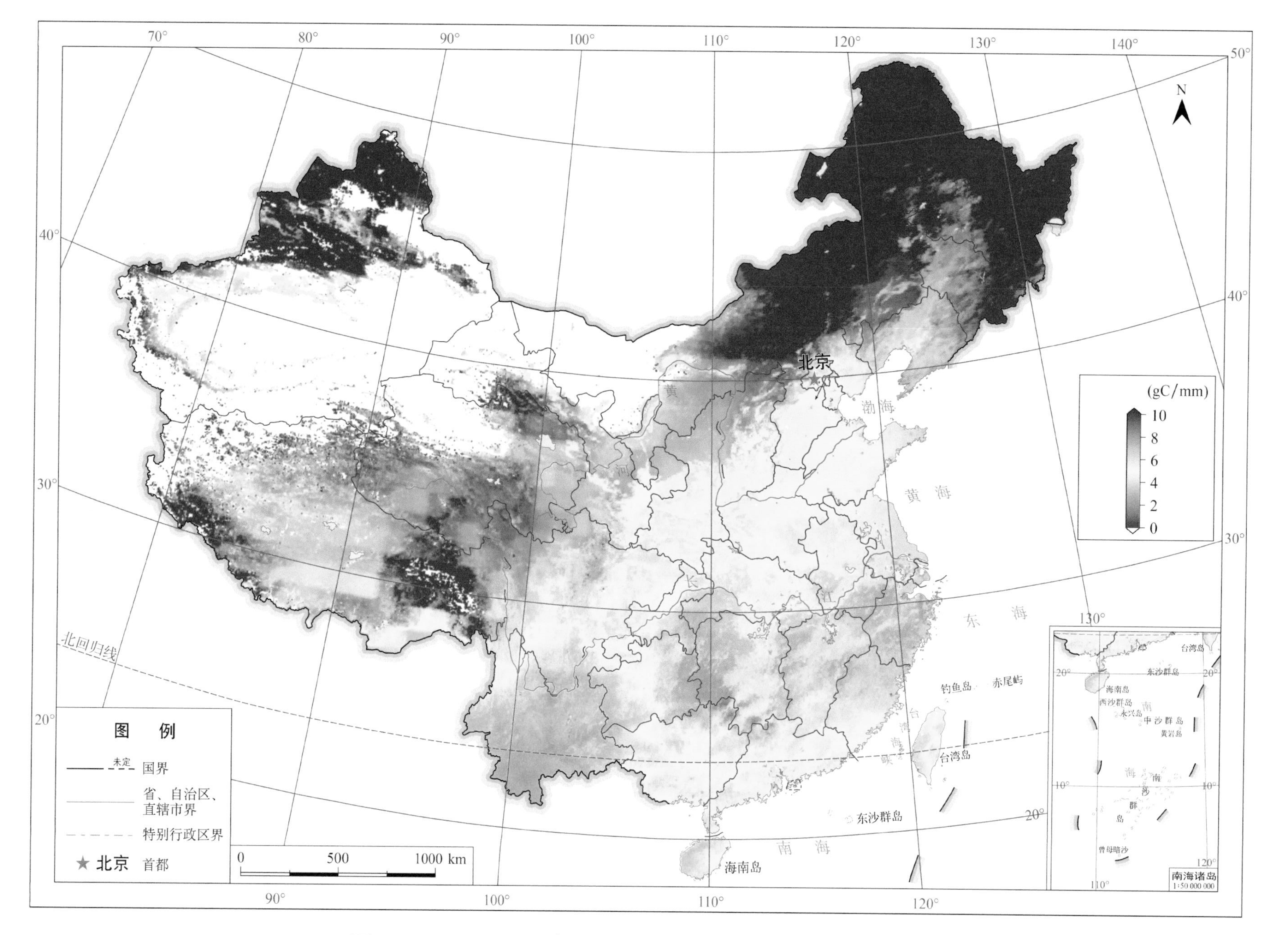


图68 2003—2017年平均3月植被水分利用效率空间分布

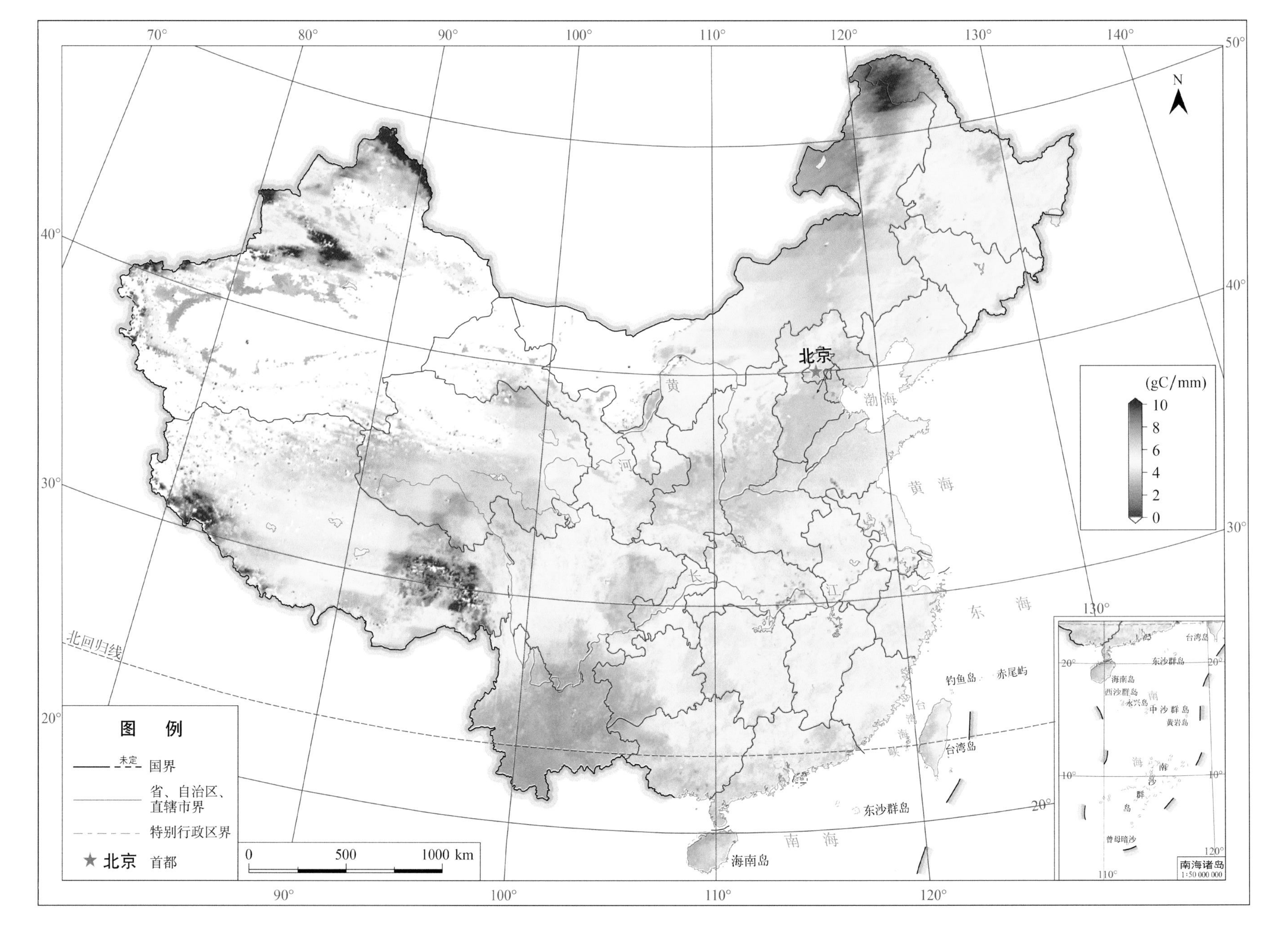


图69 2003—2017年平均4月植被水分利用效率空间分布

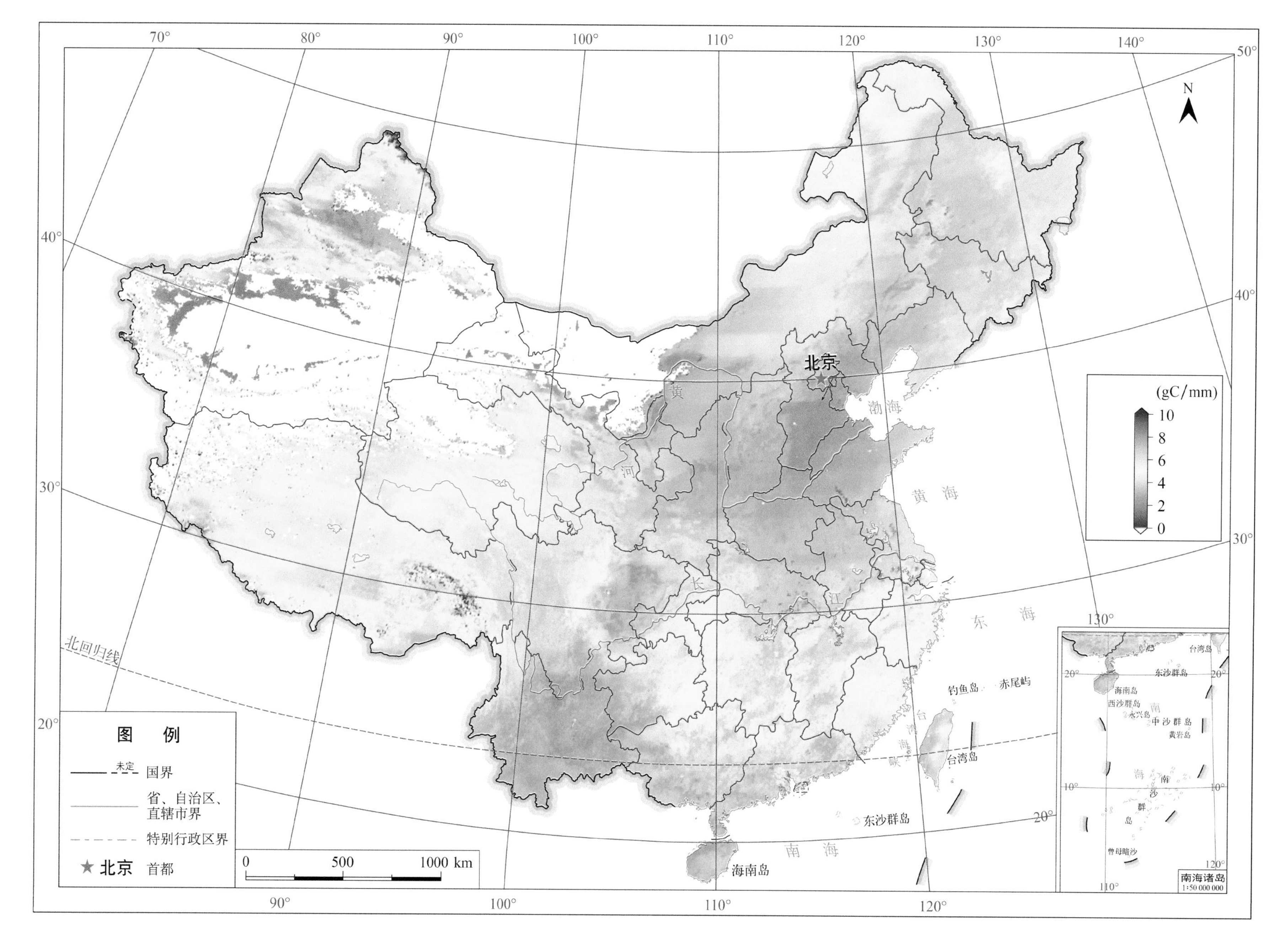


图70 2003—2017年平均5月植被水分利用效率空间分布

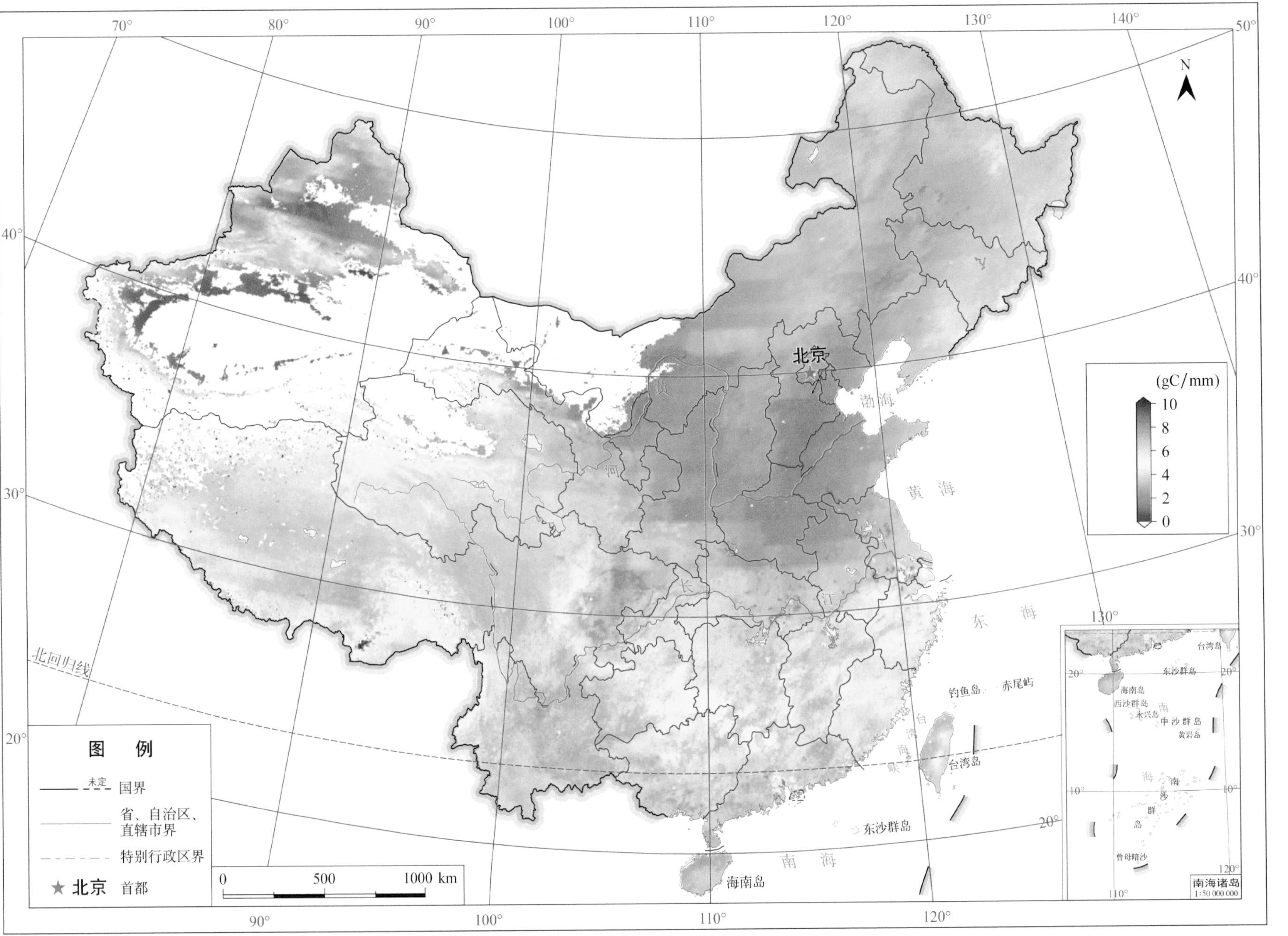


图 71　2003—2017 年平均 6 月植被水分利用效率空间分布

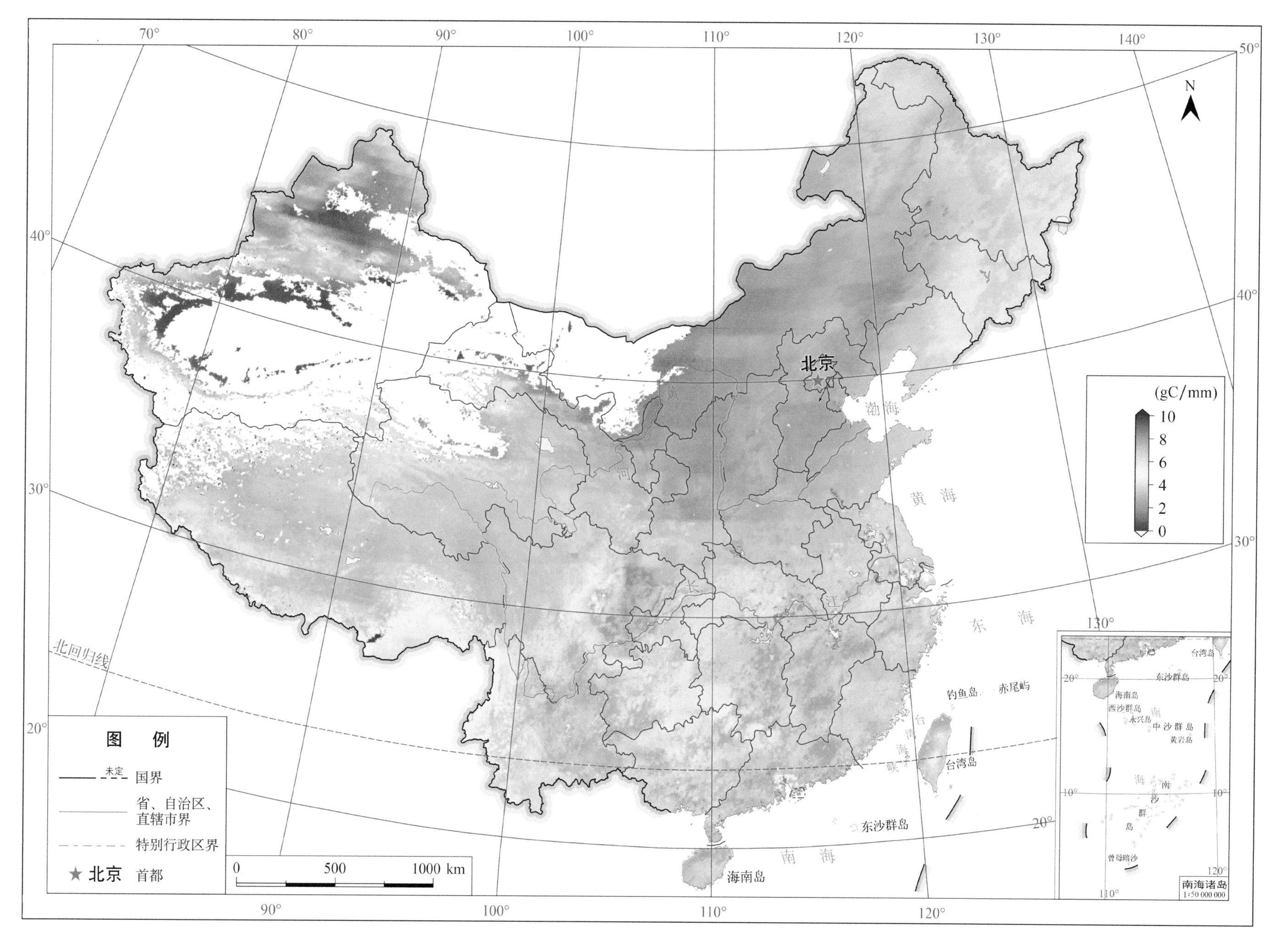


图72 2003—2017年平均7月植被水分利用效率空间分布

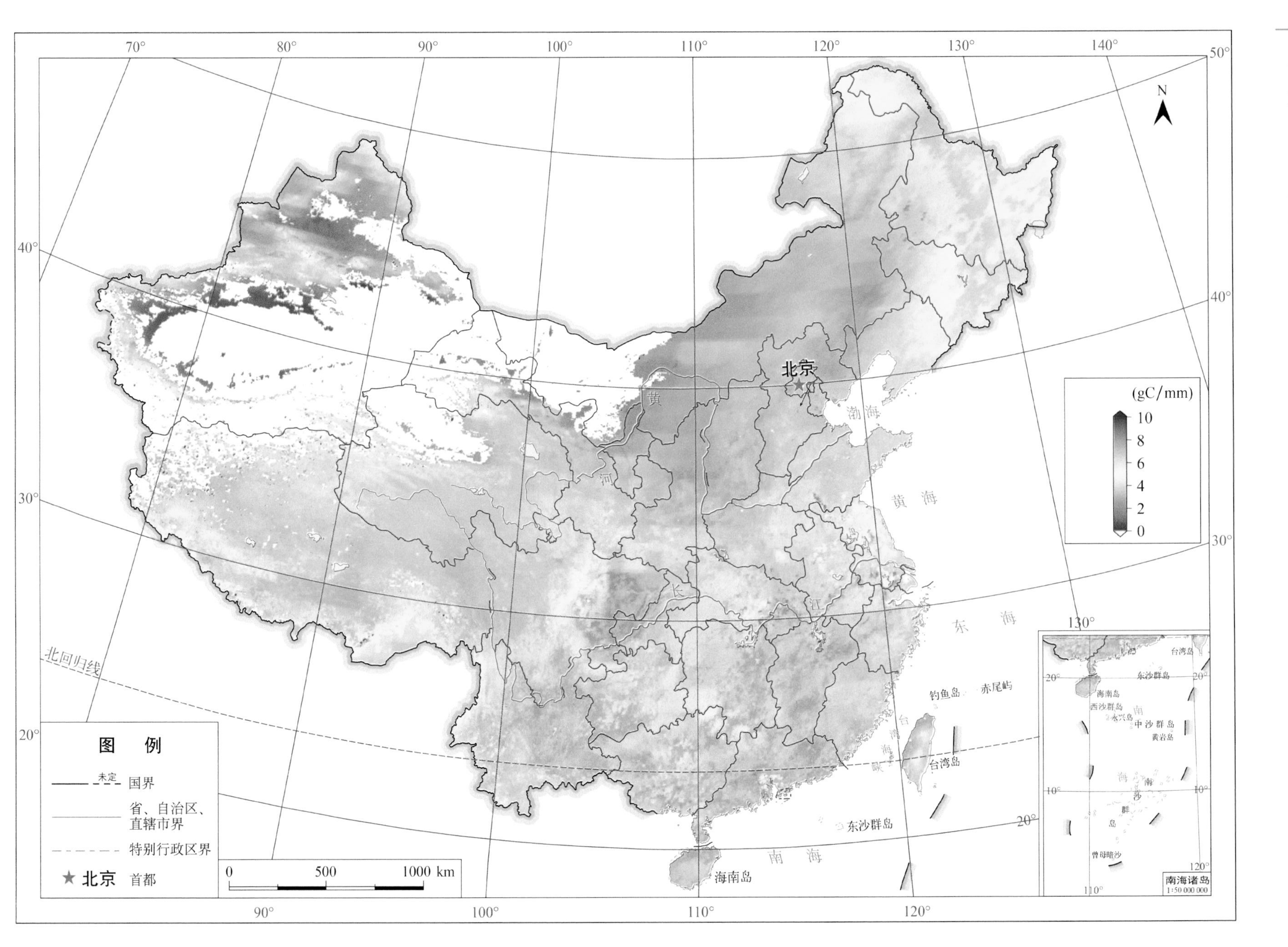


图73 2003—2017年平均8月植被水分利用效率空间分布

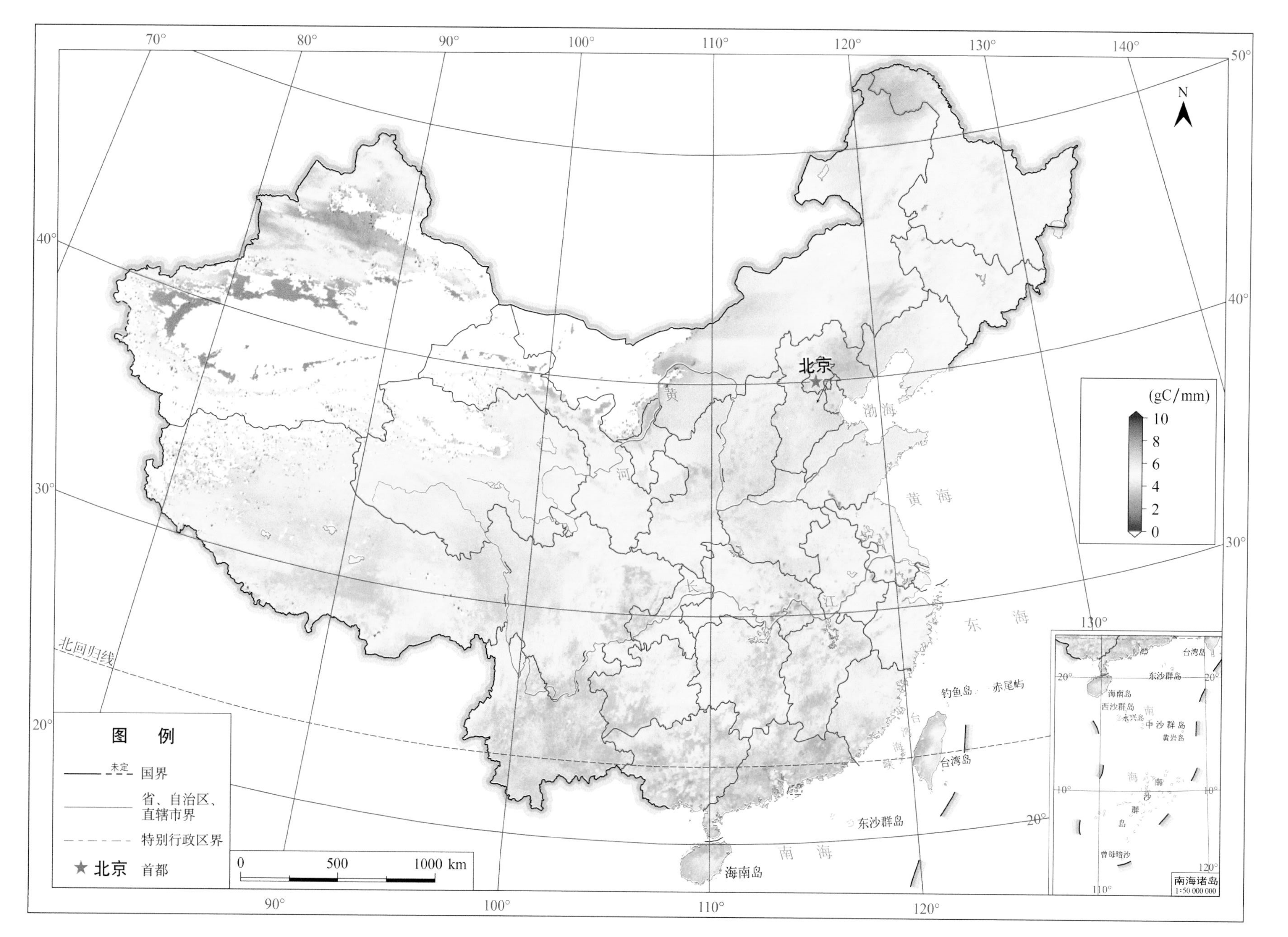


图 74 2003—2017 年平均 9 月植被水分利用效率空间分布

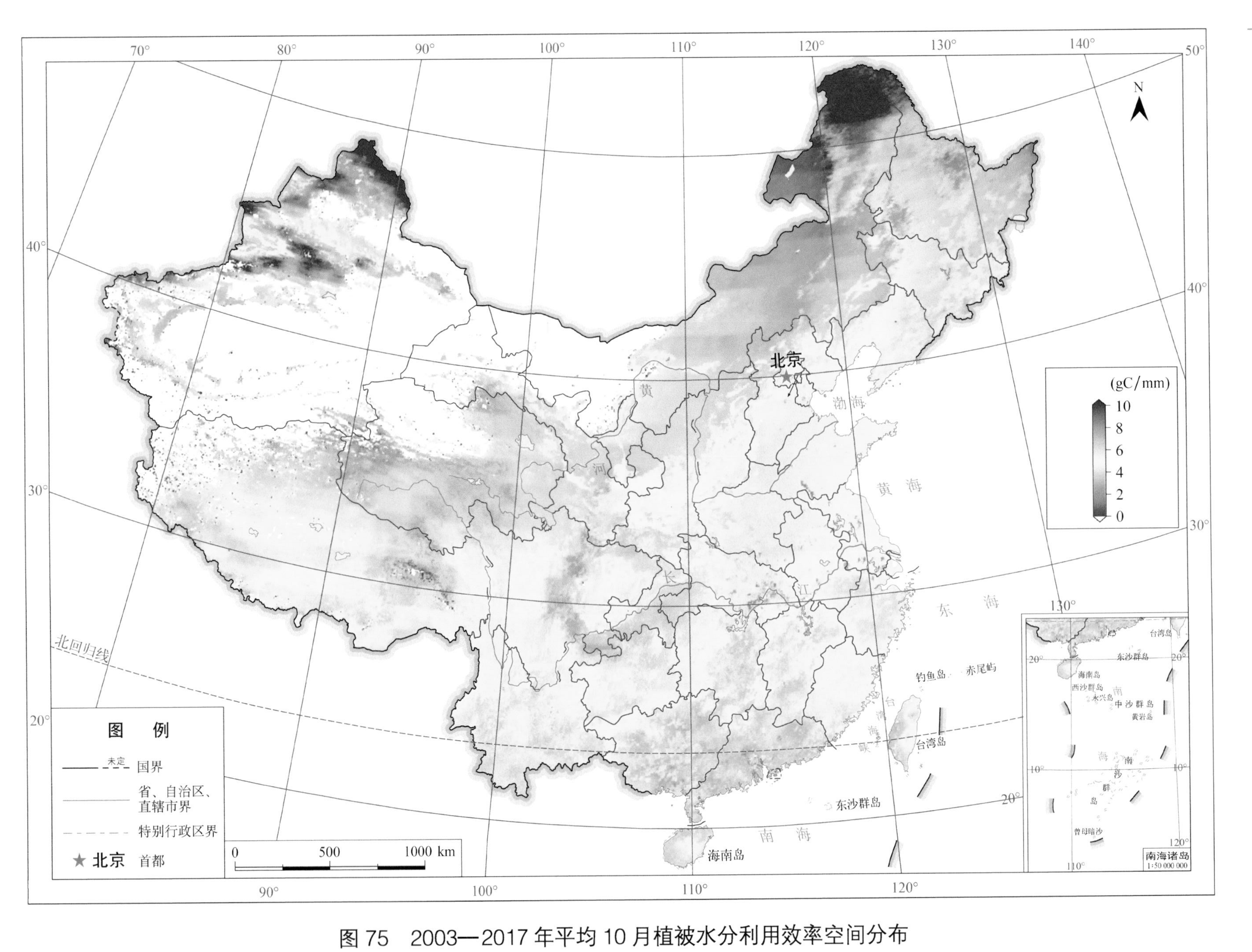


图75 2003—2017年平均10月植被水分利用效率空间分布

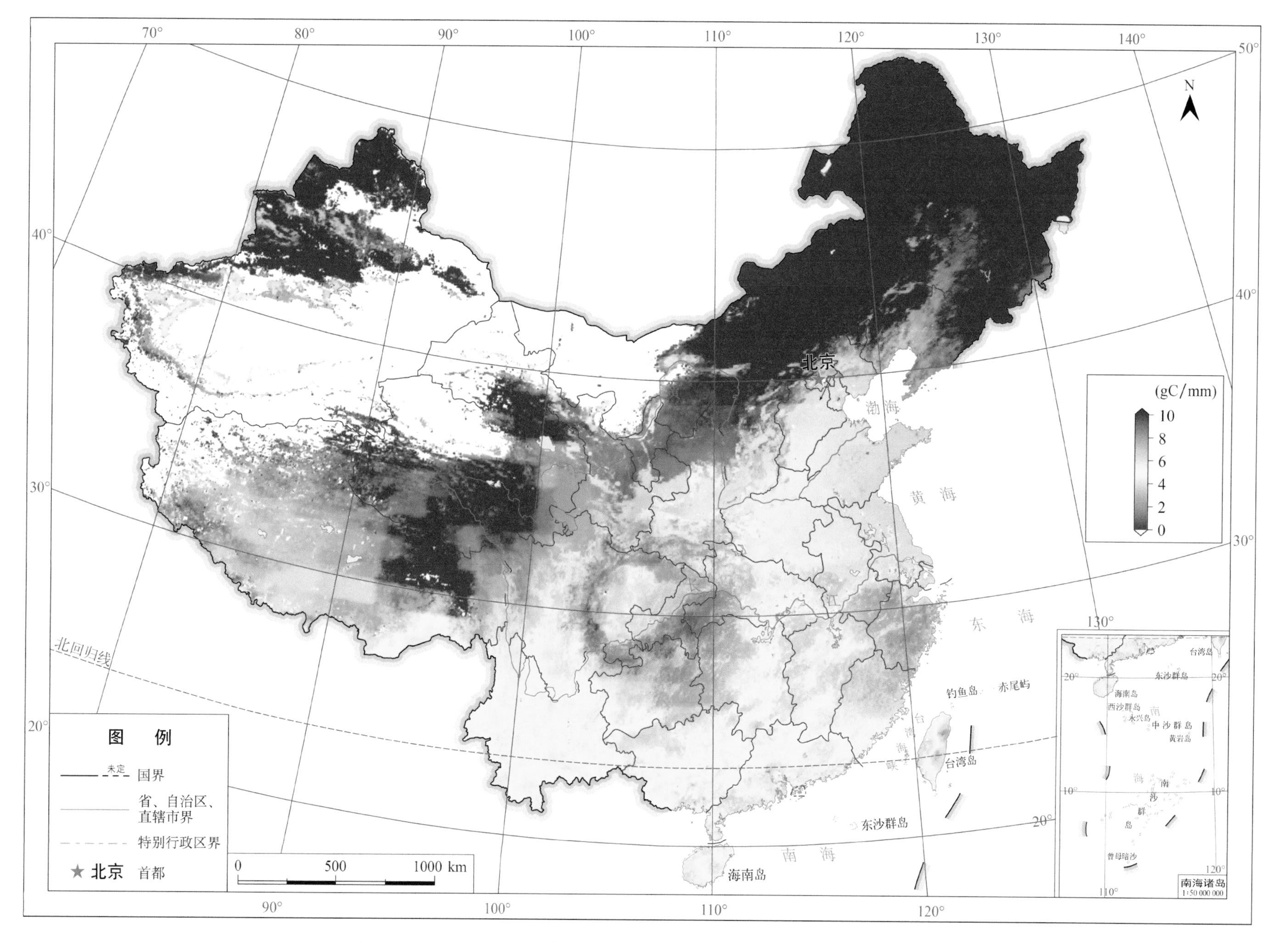


图 76 2003—2017 年平均 11 月植被水分利用效率空间分布

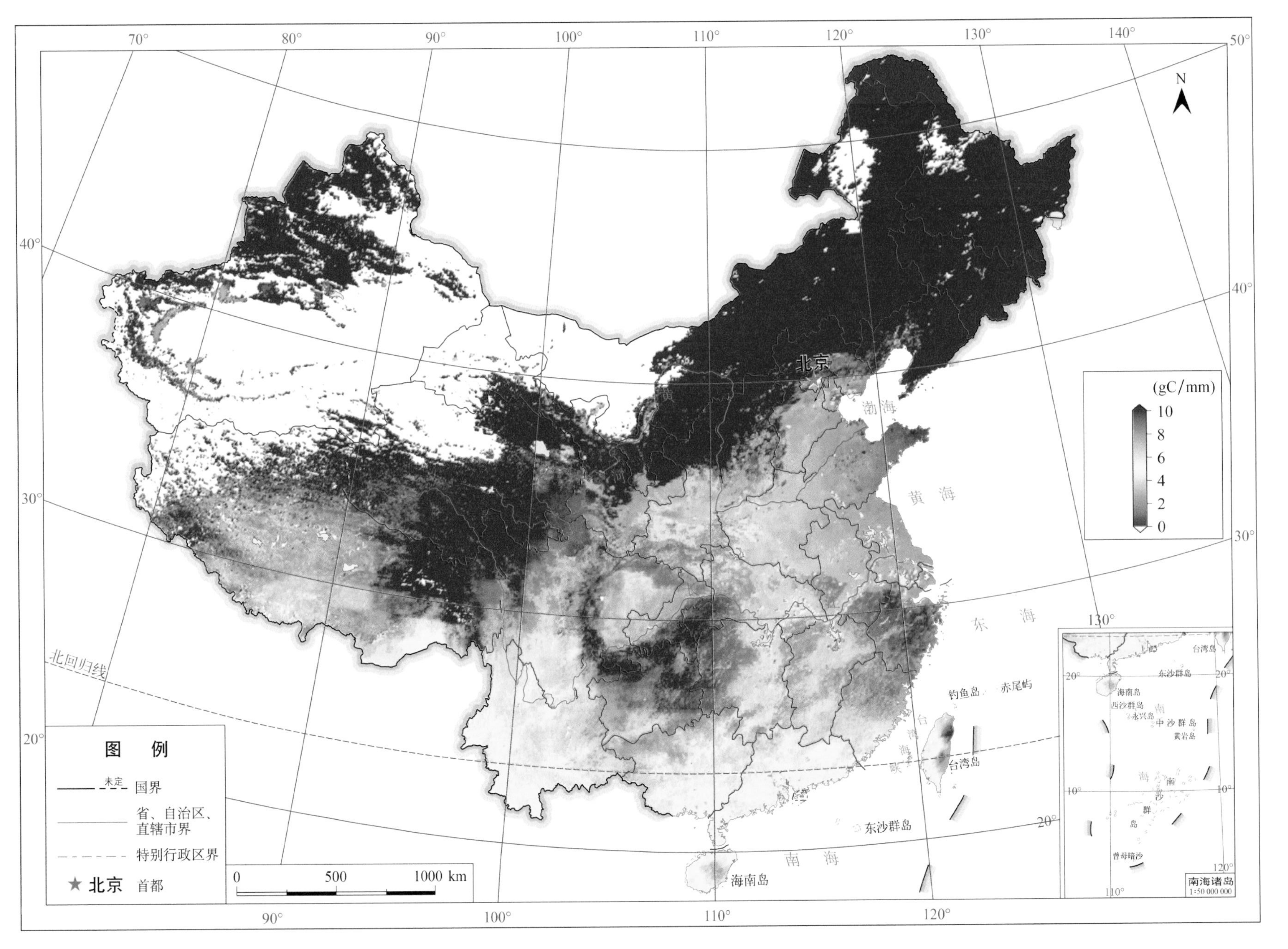


图 77 2003—2017 年平均 12 月植被水分利用效率空间分布

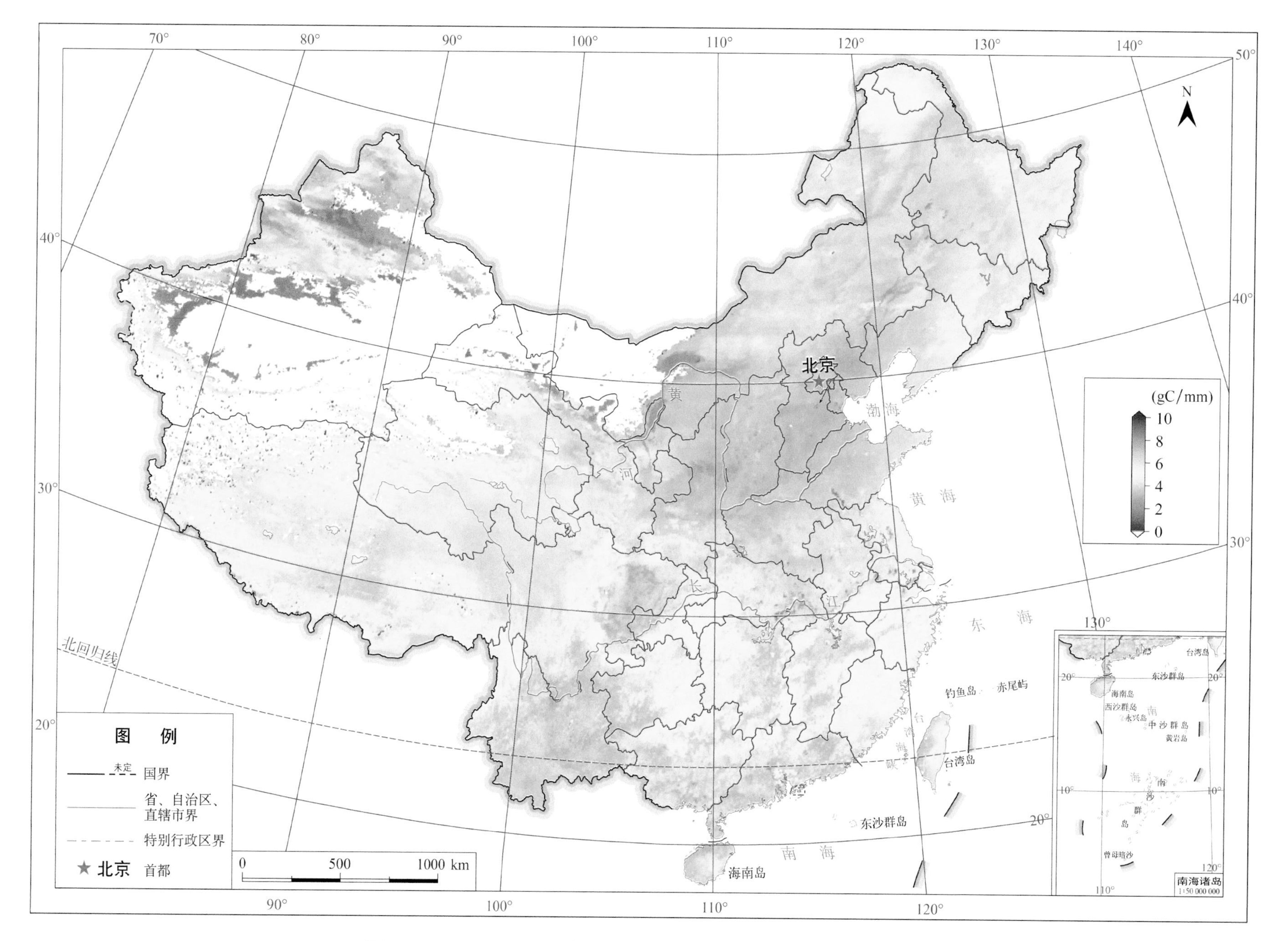


图 78 2003—2017 年平均年植被水分利用效率空间分布

# 图组 7
## 中国区域总初级生产力时空分布

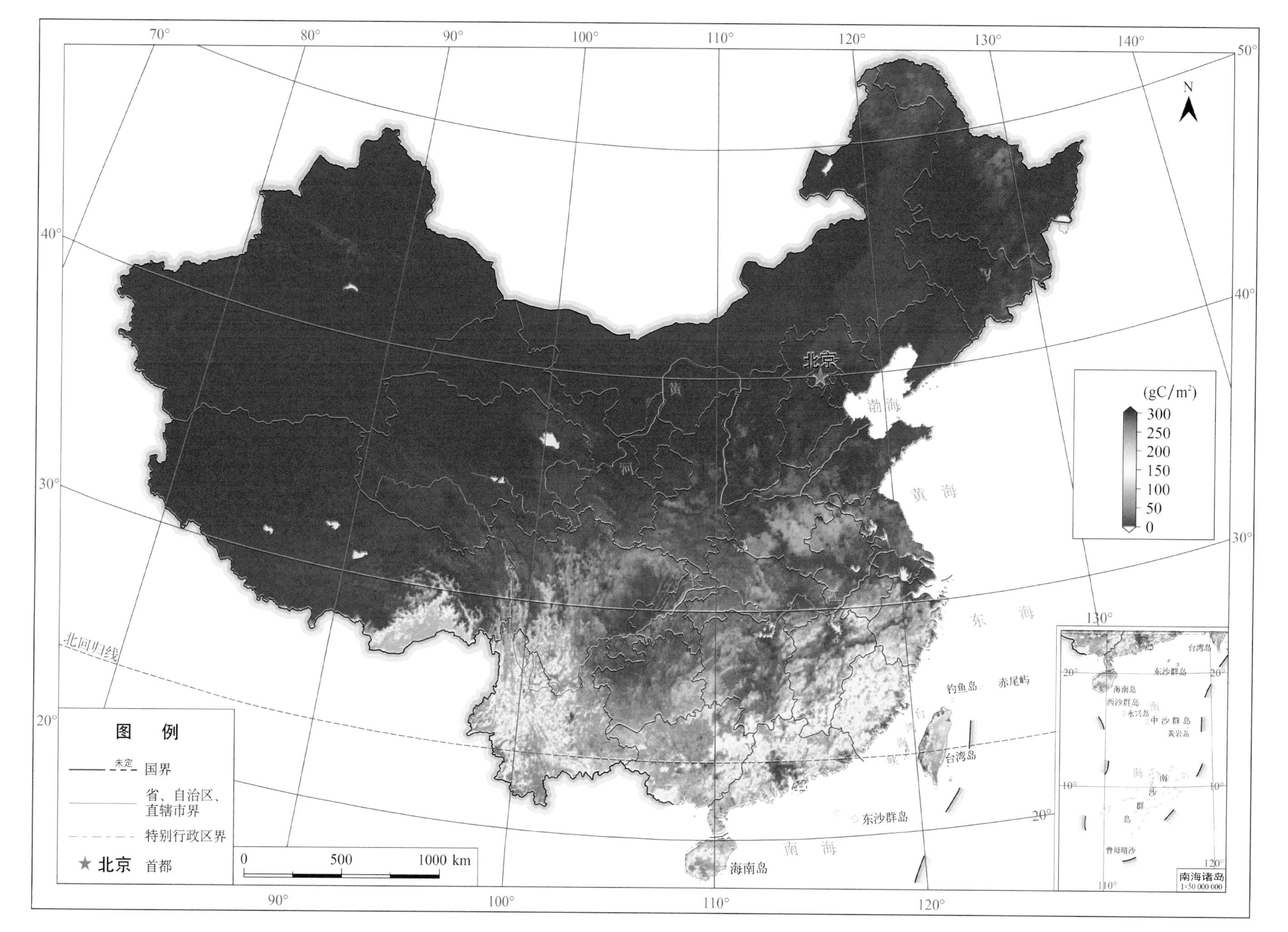


图 79 2003—2017 年平均 1 月总初级生产力空间分布

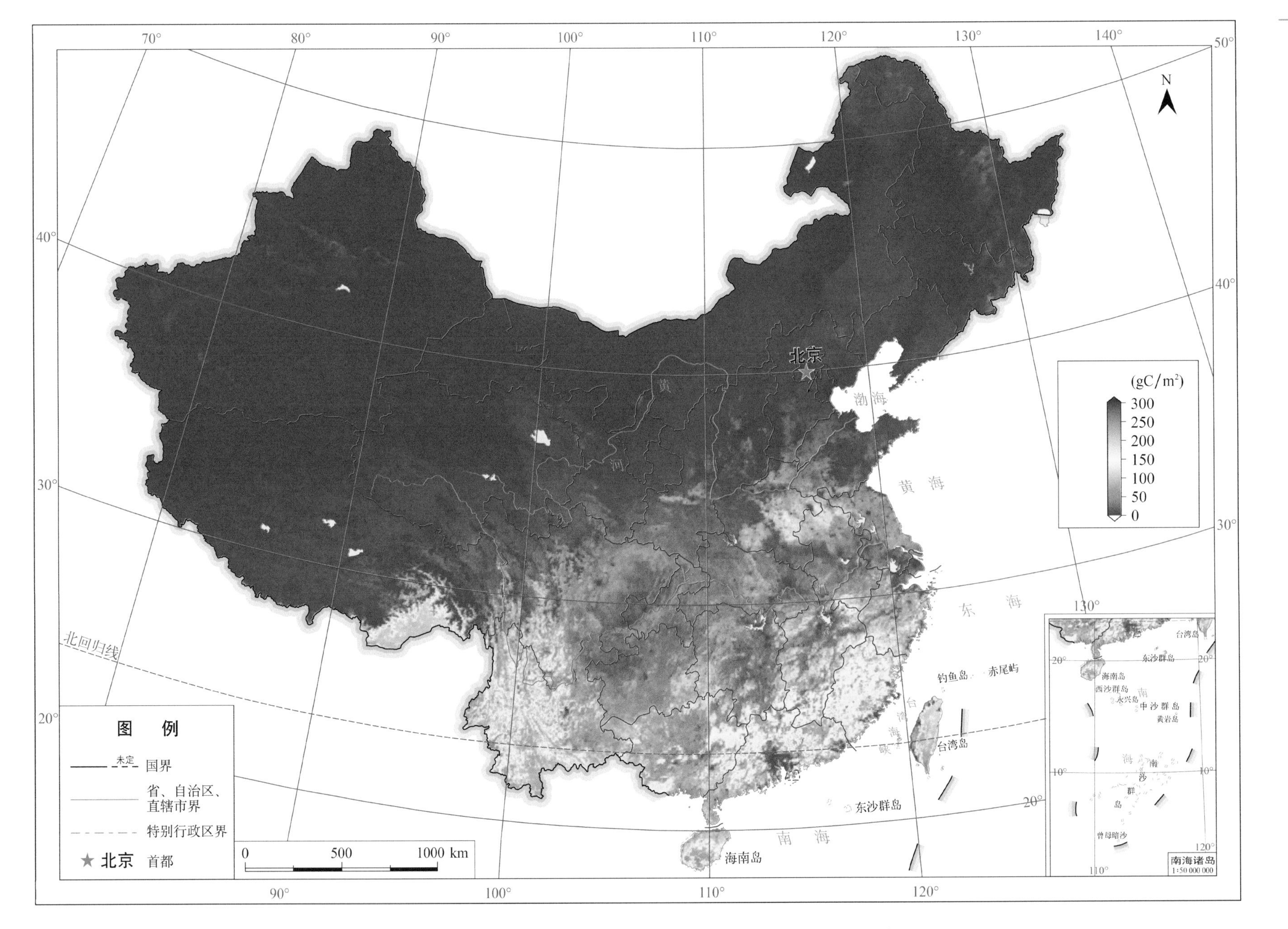


图 80 2003—2017 年平均 2 月总初级生产力空间分布

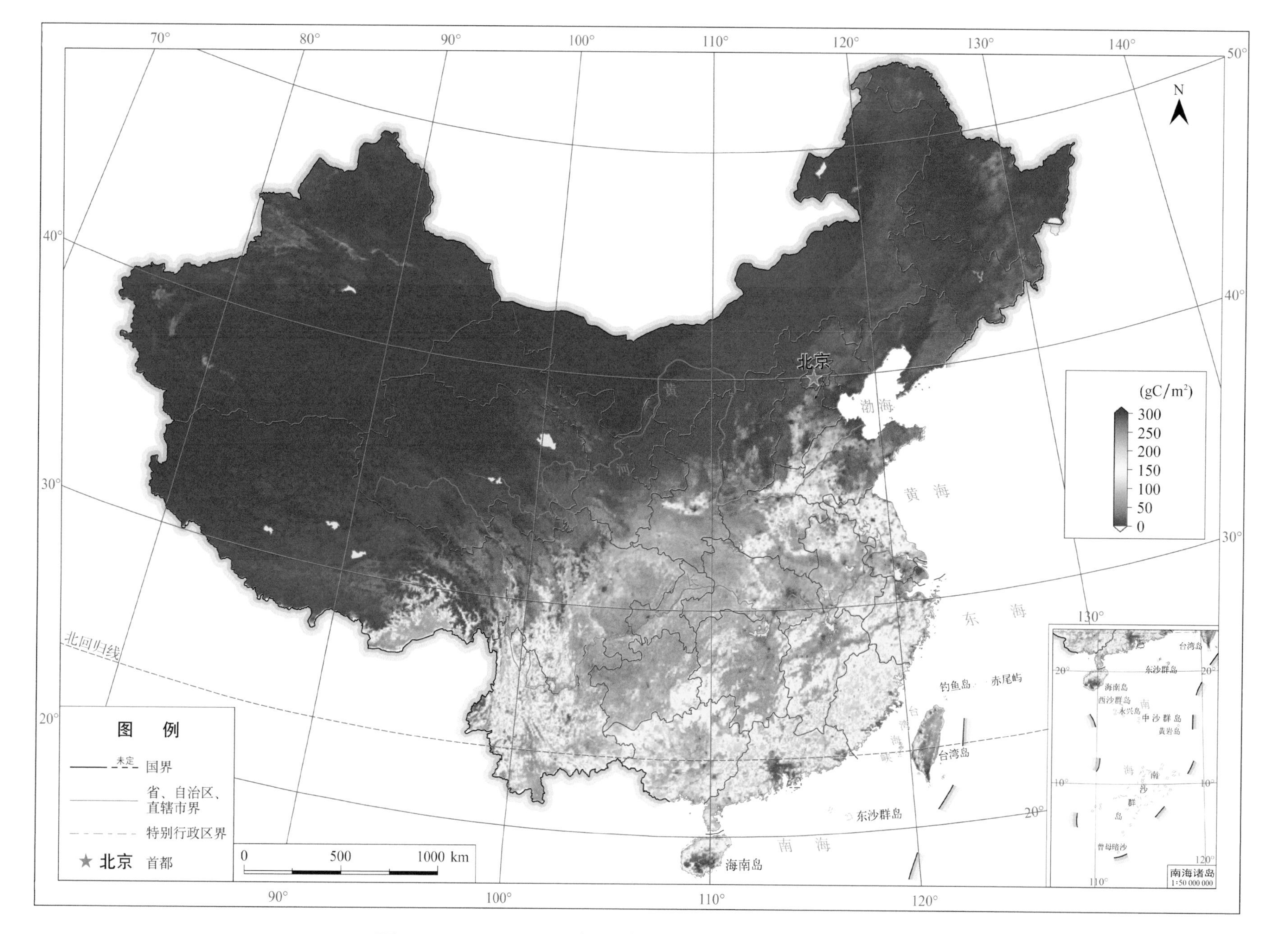


图 81 2003—2017 年平均 3 月总初级生产力空间分布

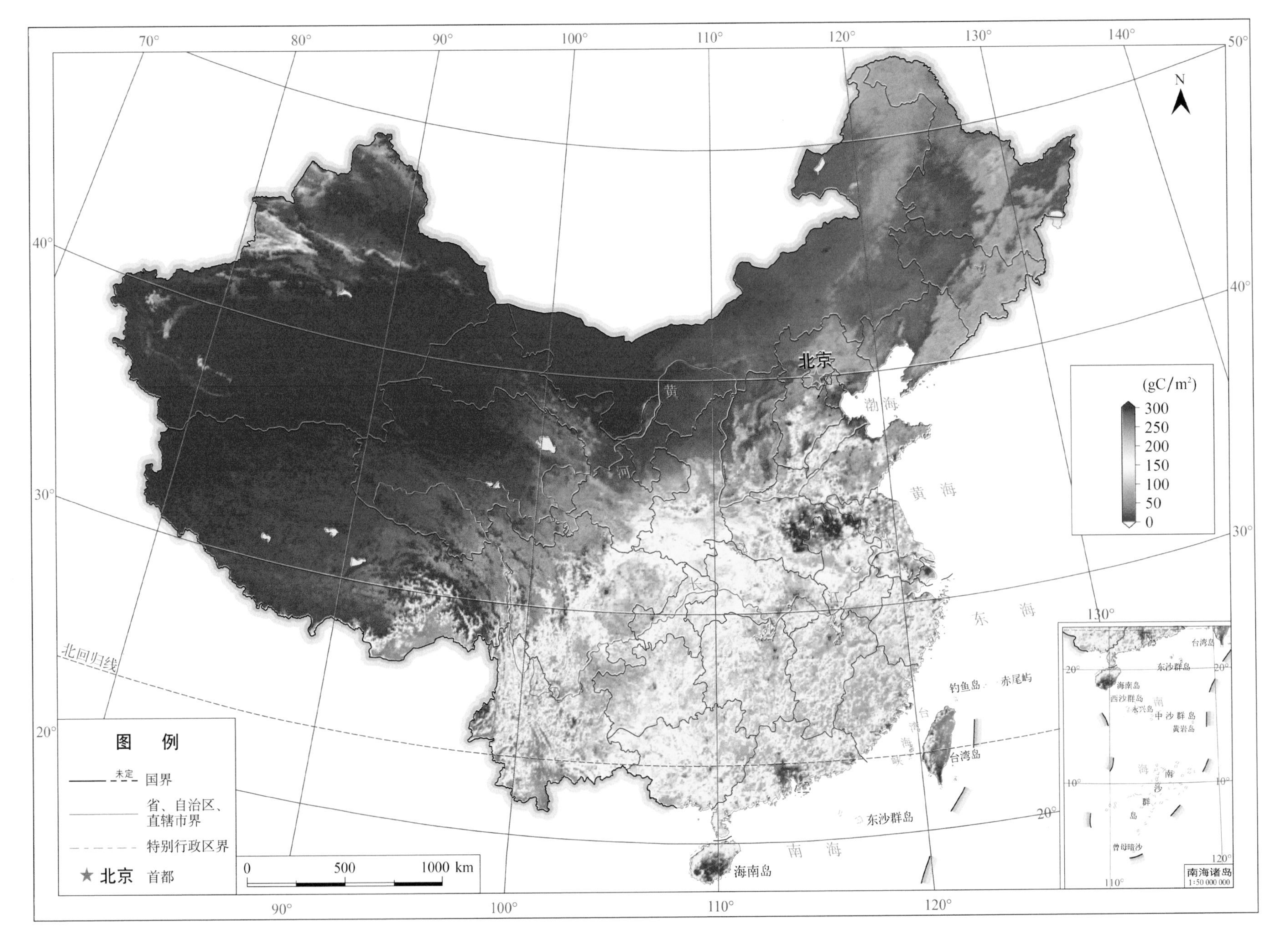


图 82 2003—2017 年平均 4 月总初级生产力空间分布

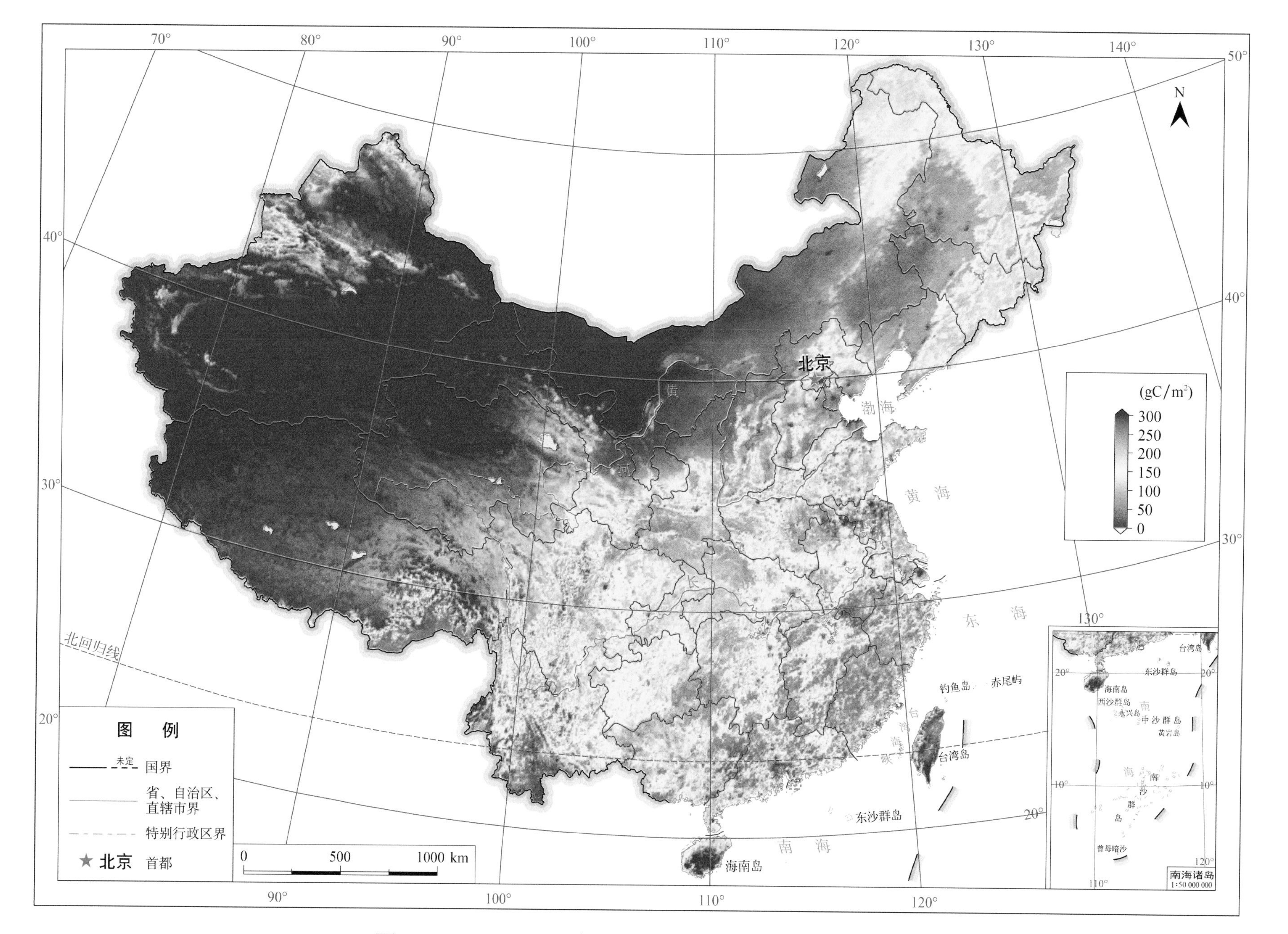


图83 2003—2017年平均5月总初级生产力空间分布

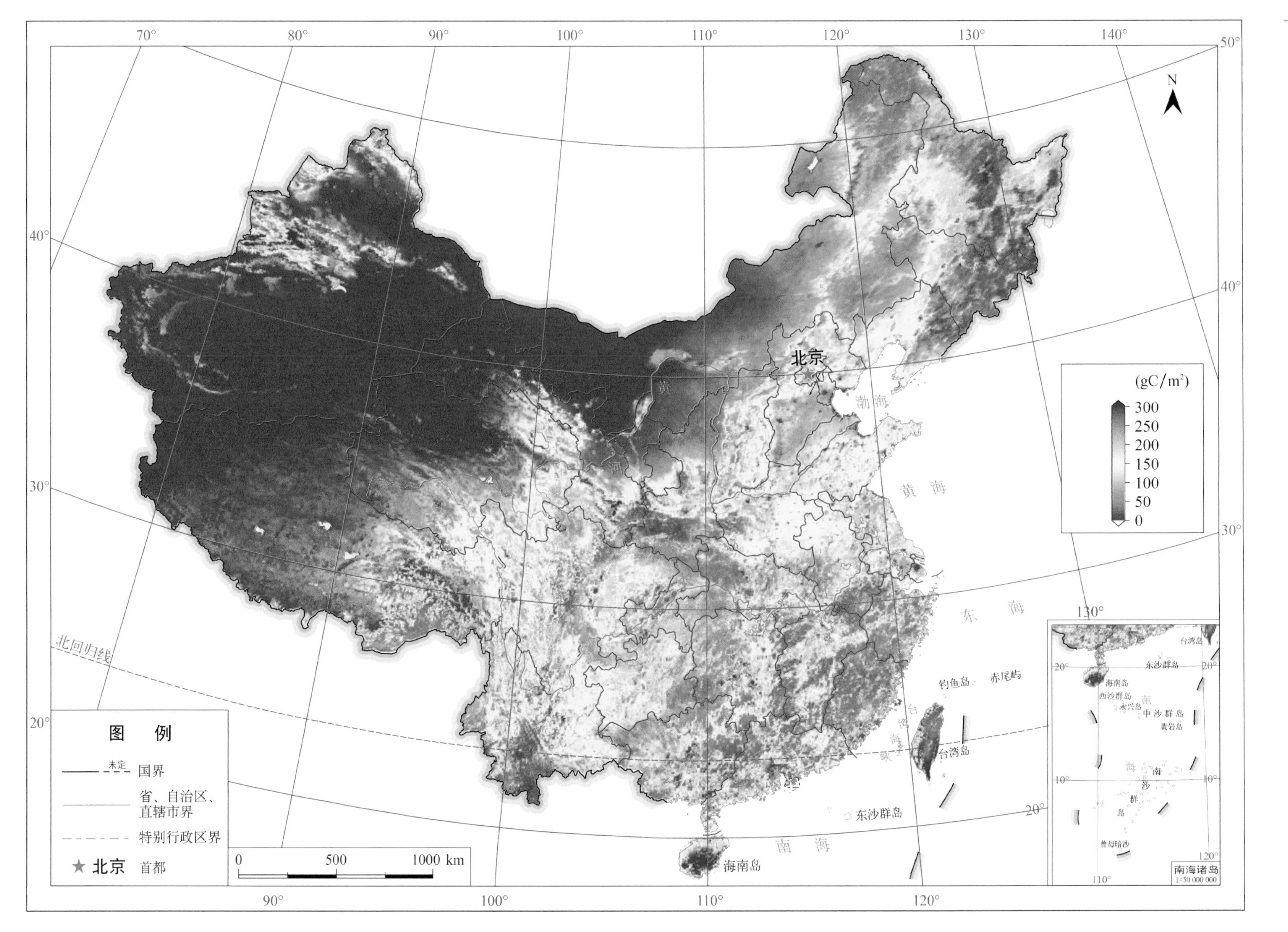


图84　2003—2017年平均6月总初级生产力空间分布

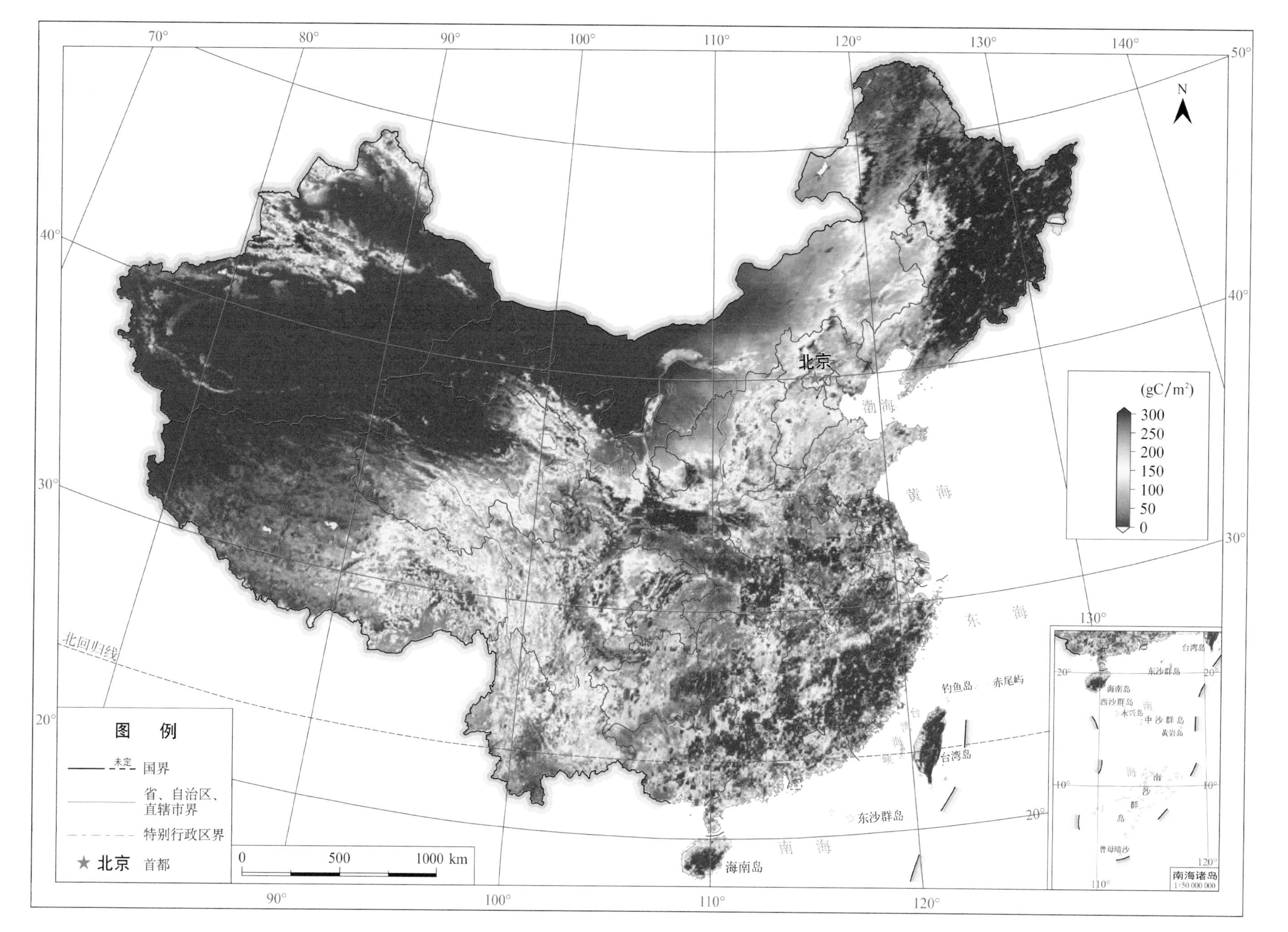


图 85 2003—2017 年平均 7 月总初级生产力空间分布

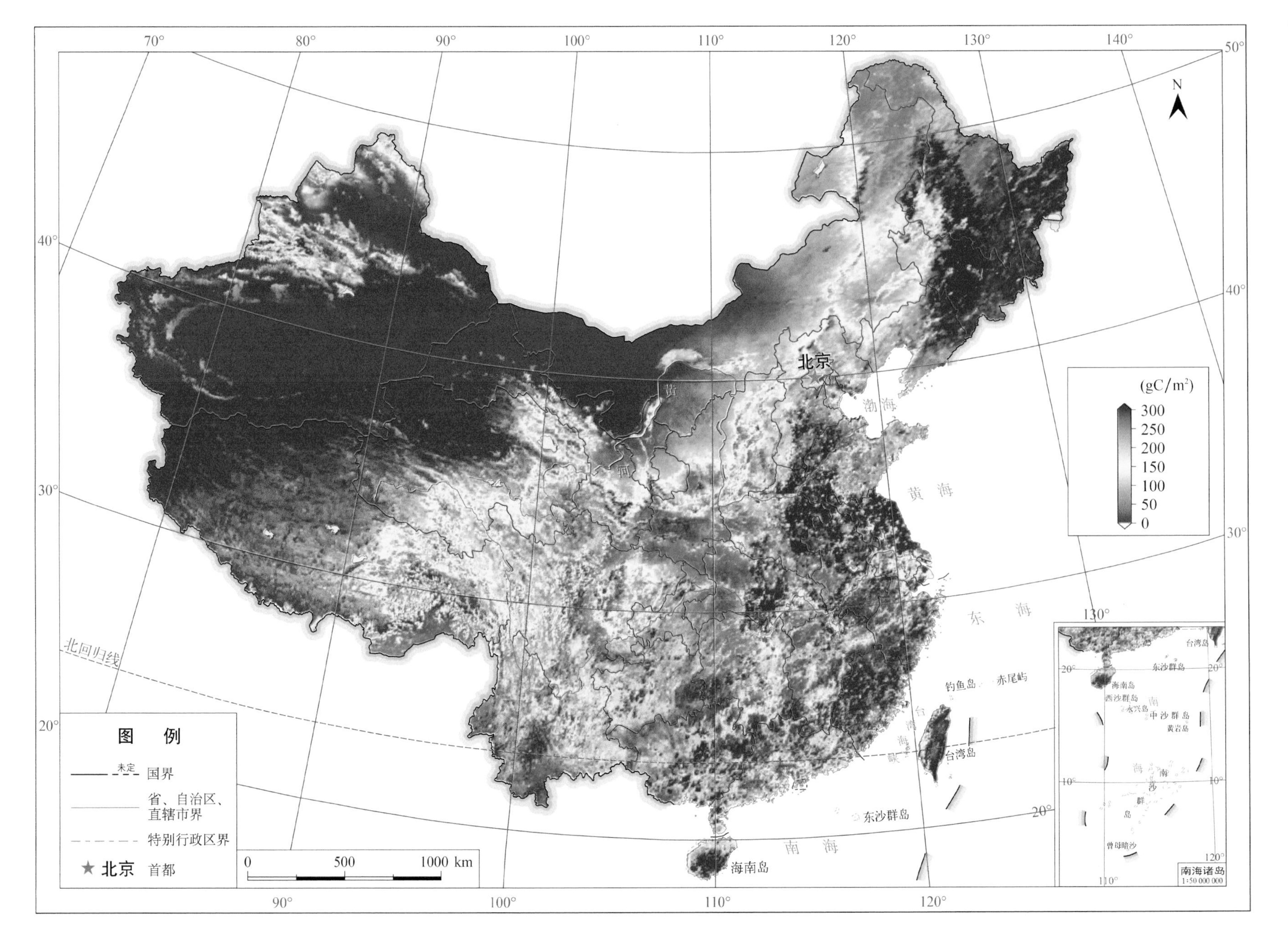


图 86 2003—2017 年平均 8 月总初级生产力空间分布

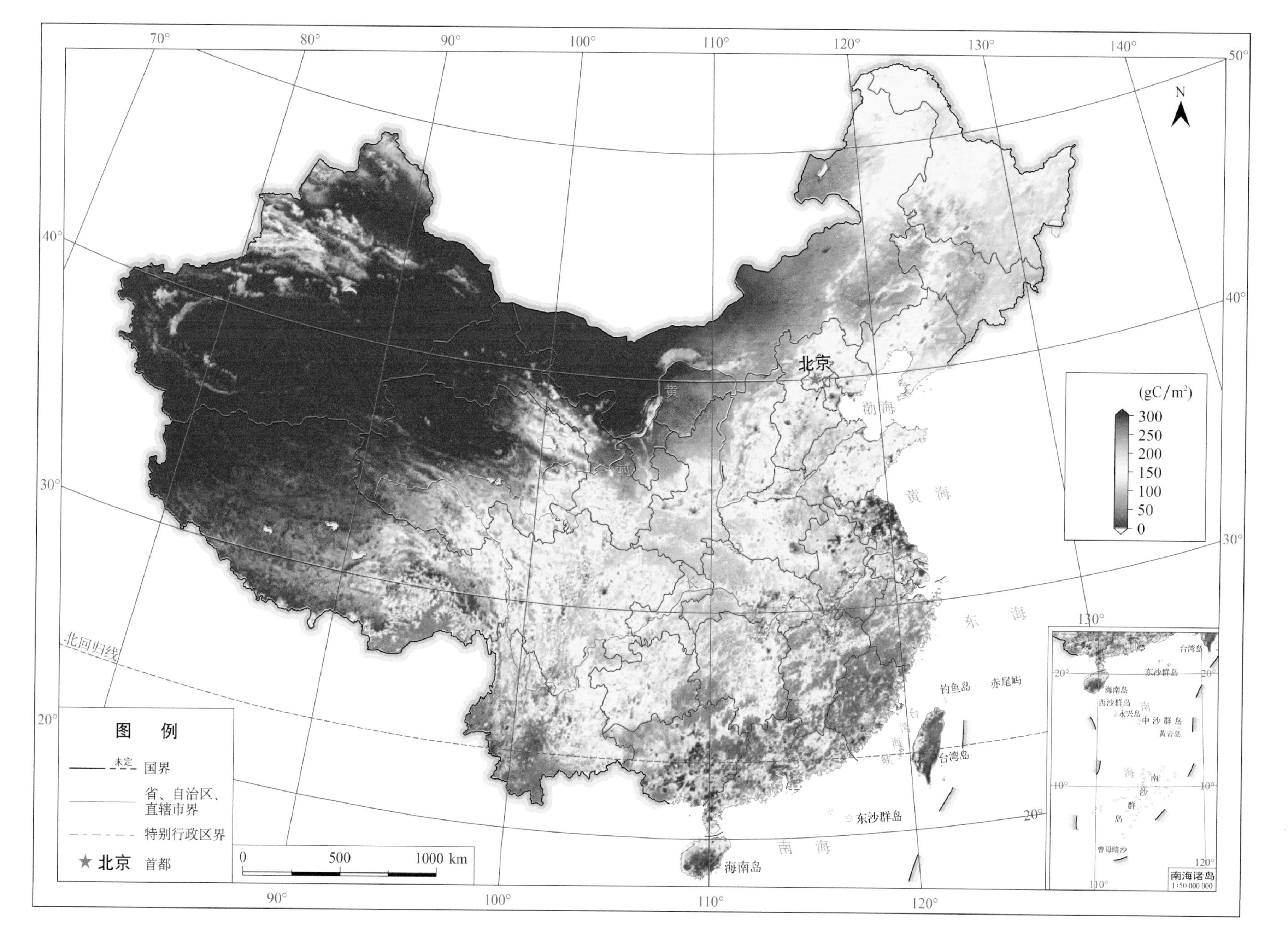


图 87 2003—2017 年平均 9 月总初级生产力空间分布

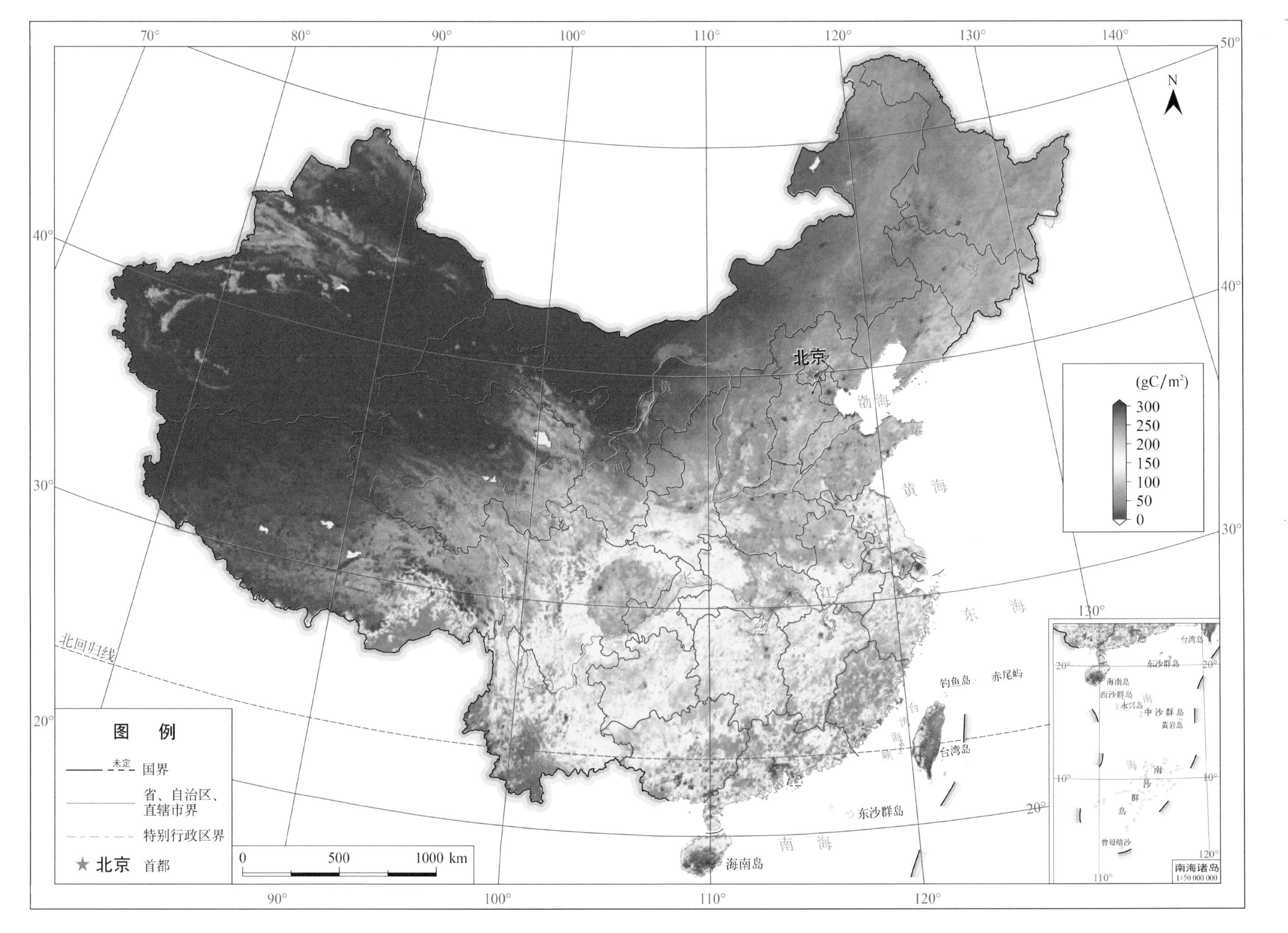


图 88 2003—2017 年平均 10 月总初级生产力空间分布

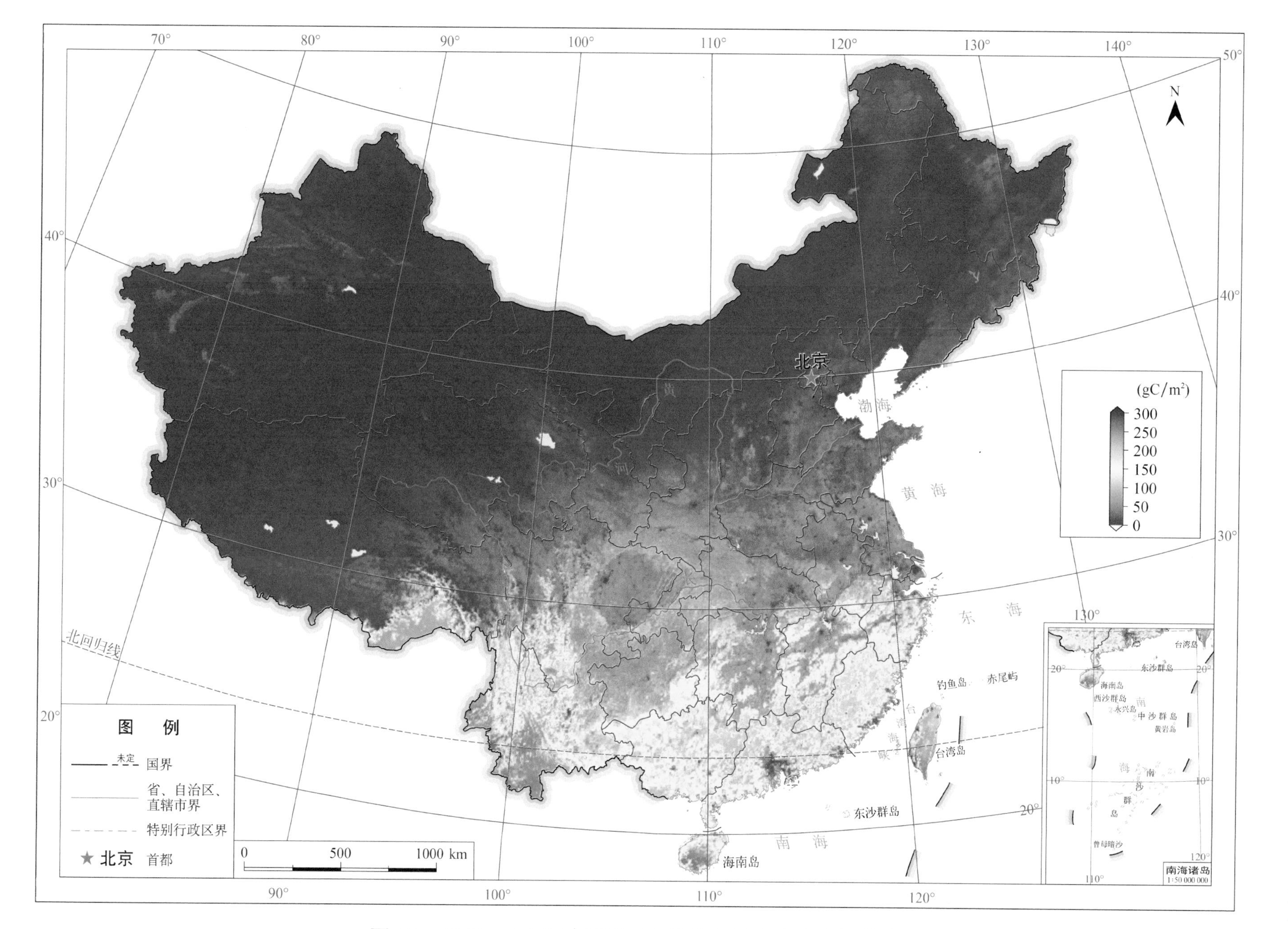


图89 2003—2017年平均11月总初级生产力空间分布

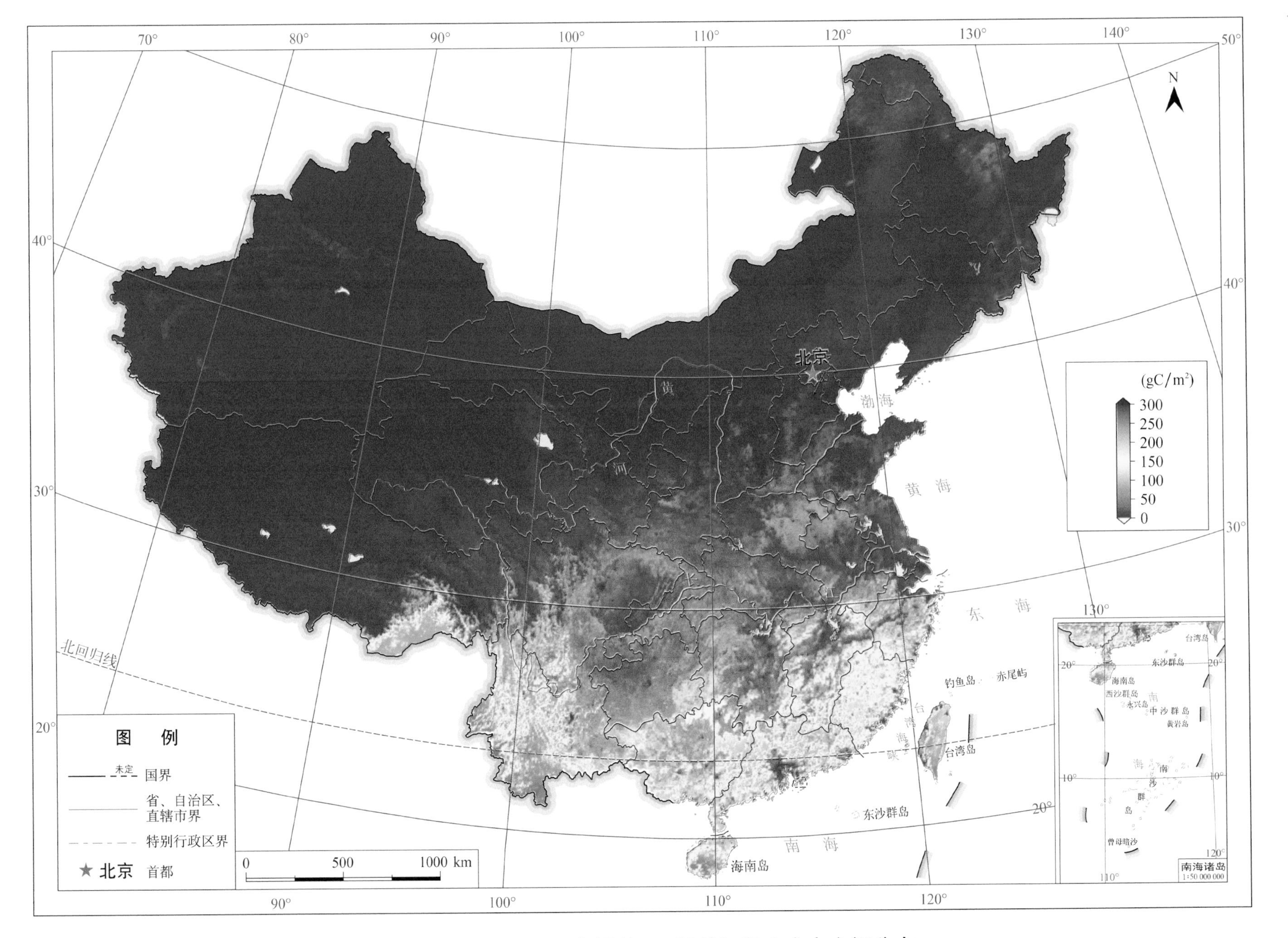


图 90 2003—2017 年平均 12 月总初级生产力空间分布

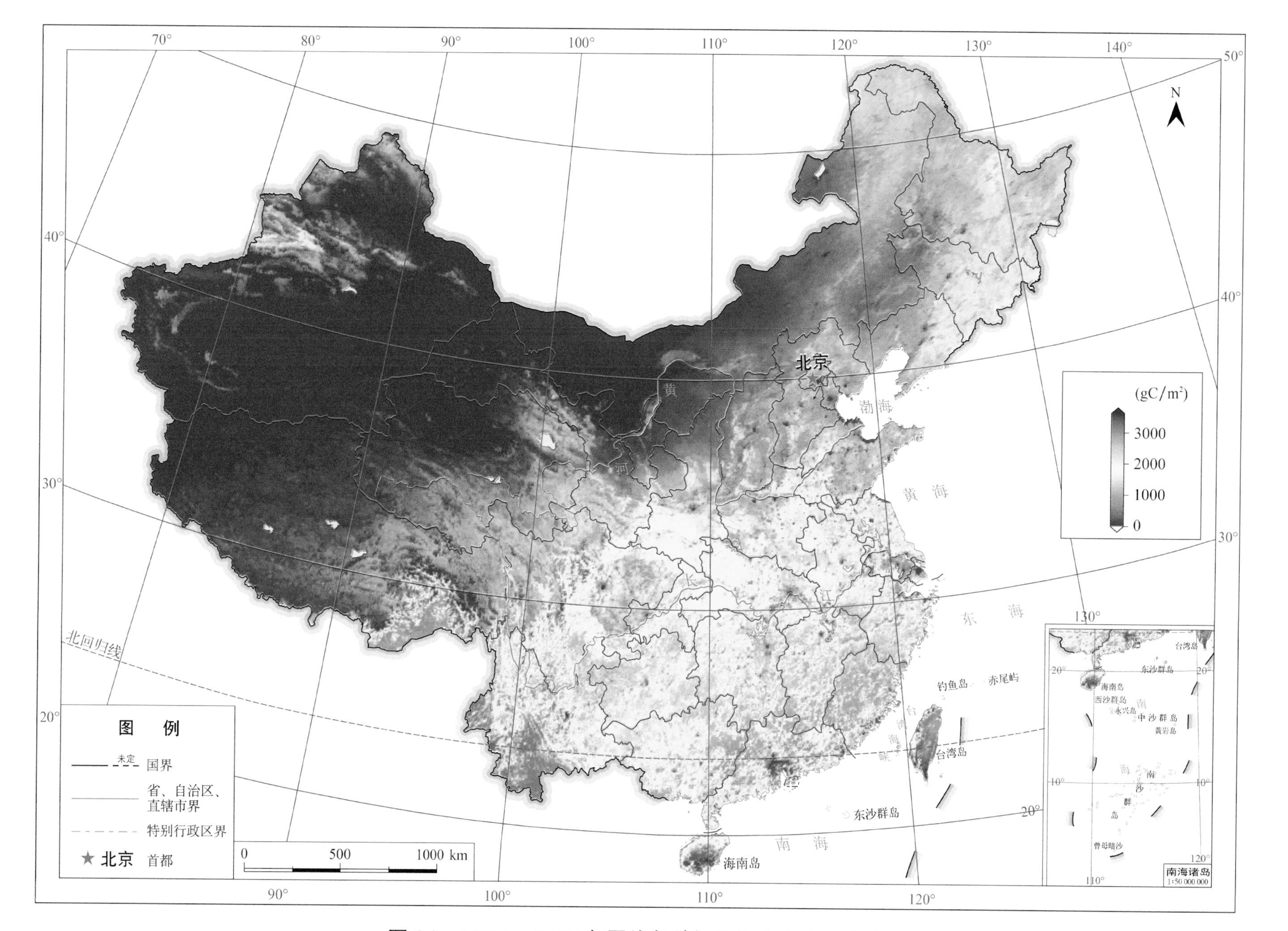


图91 2003—2017年平均年总初级生产力空间分布

# 图组 8

# 中国区域叶面积指数时空分布

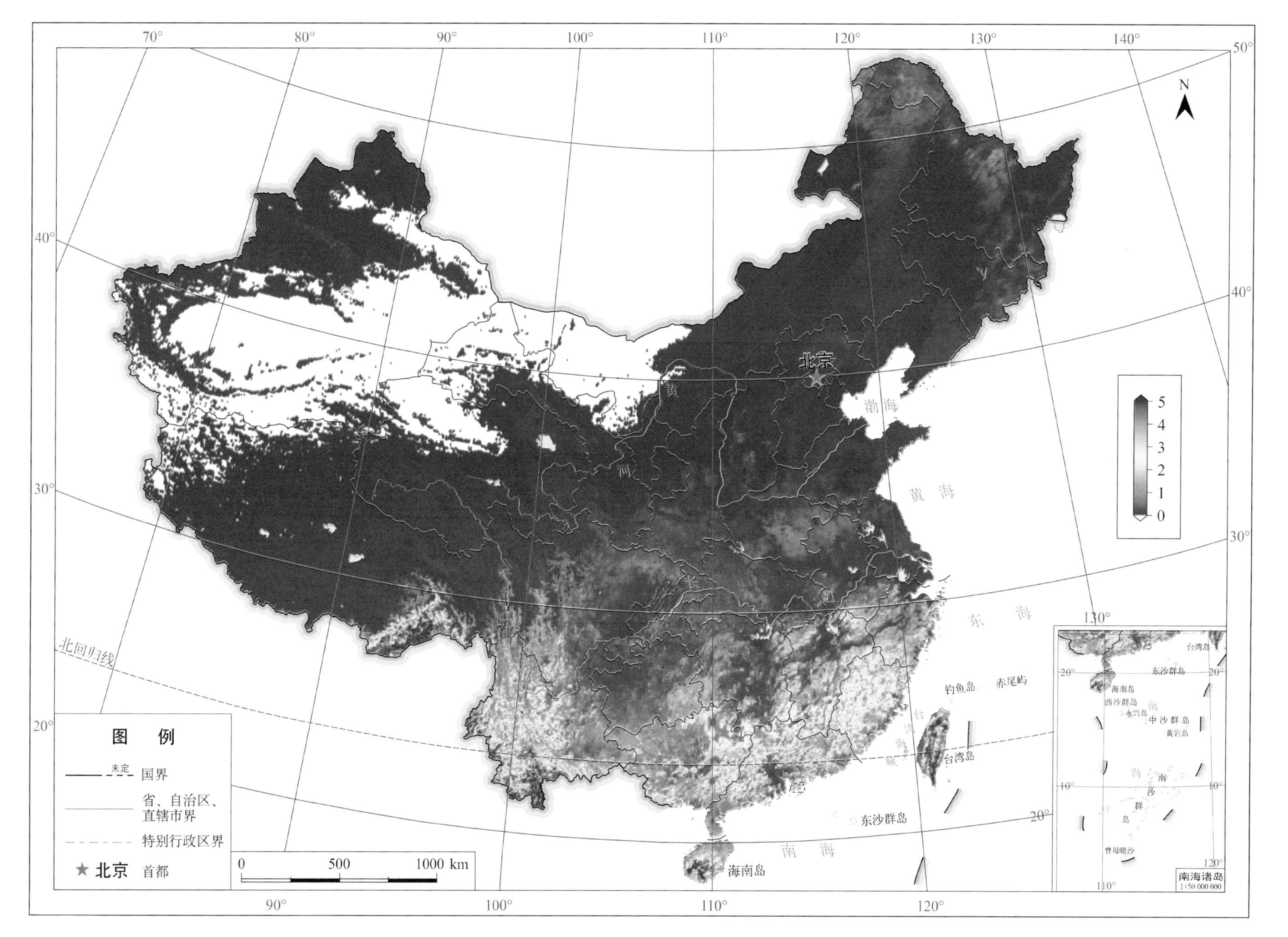


图 92 2003—2017 年平均 1 月叶面积指数空间分布

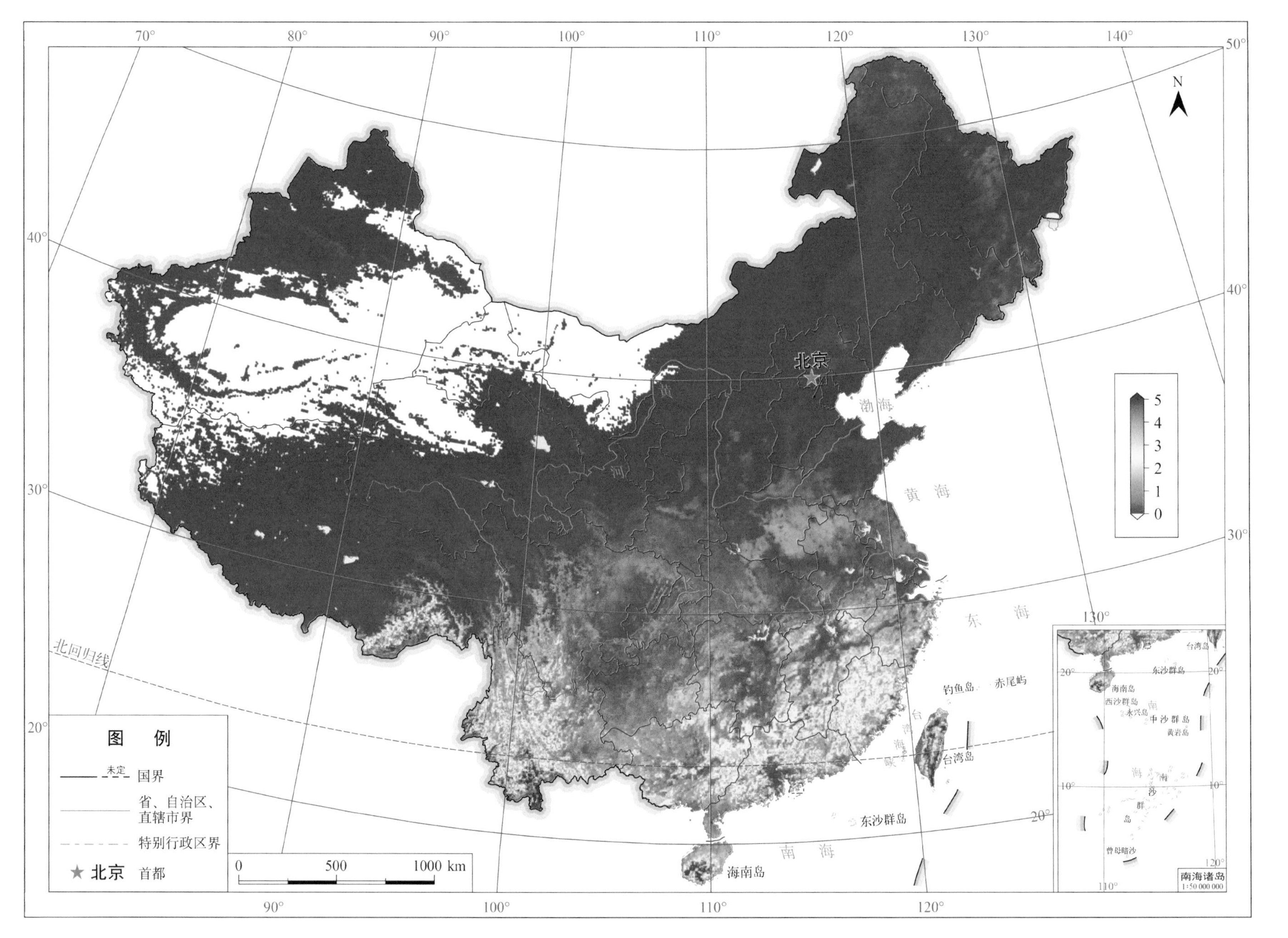


图 93 2003—2017 年平均 2 月叶面积指数空间分布

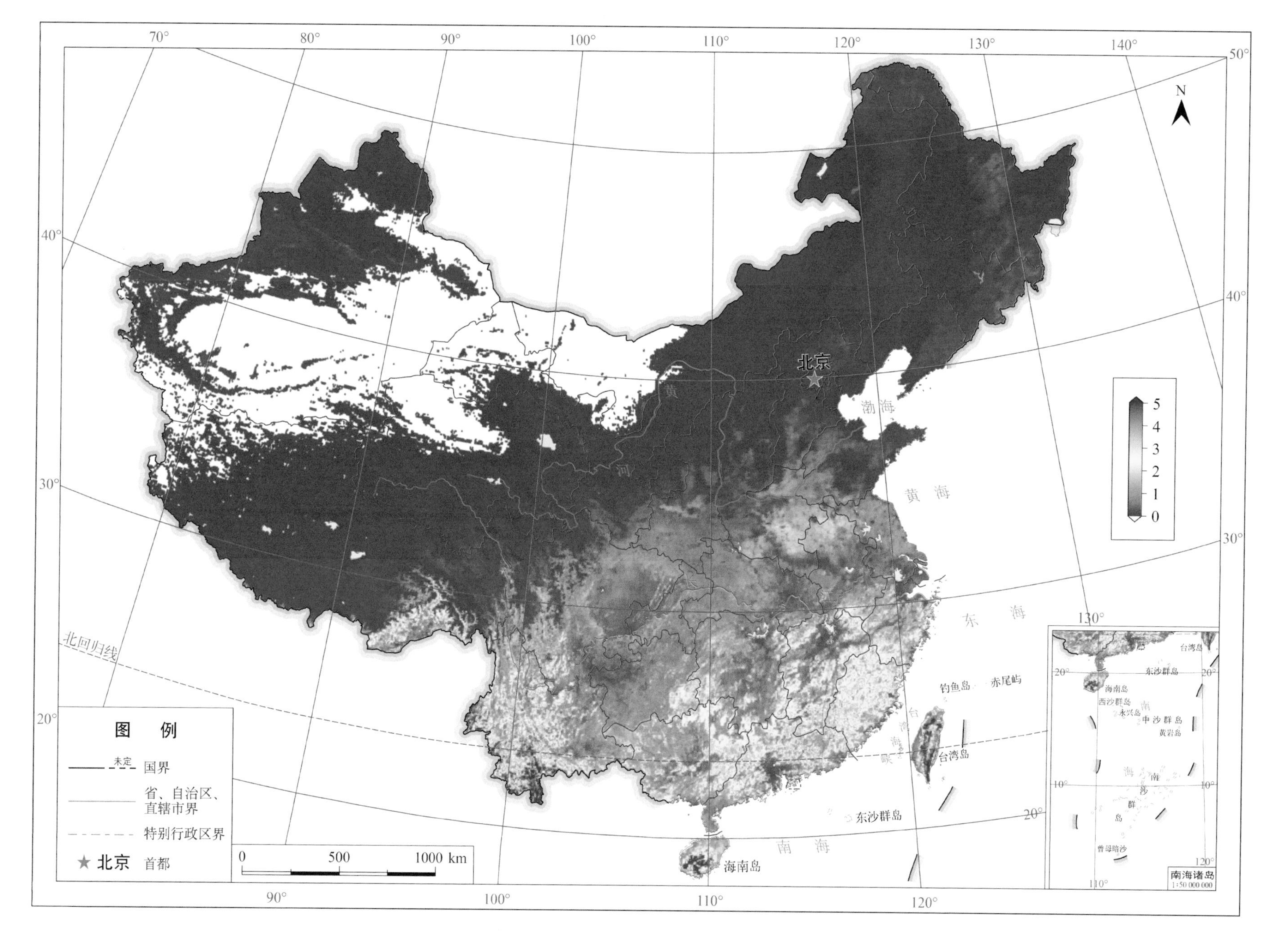


图94 2003—2017年平均3月叶面积指数空间分布

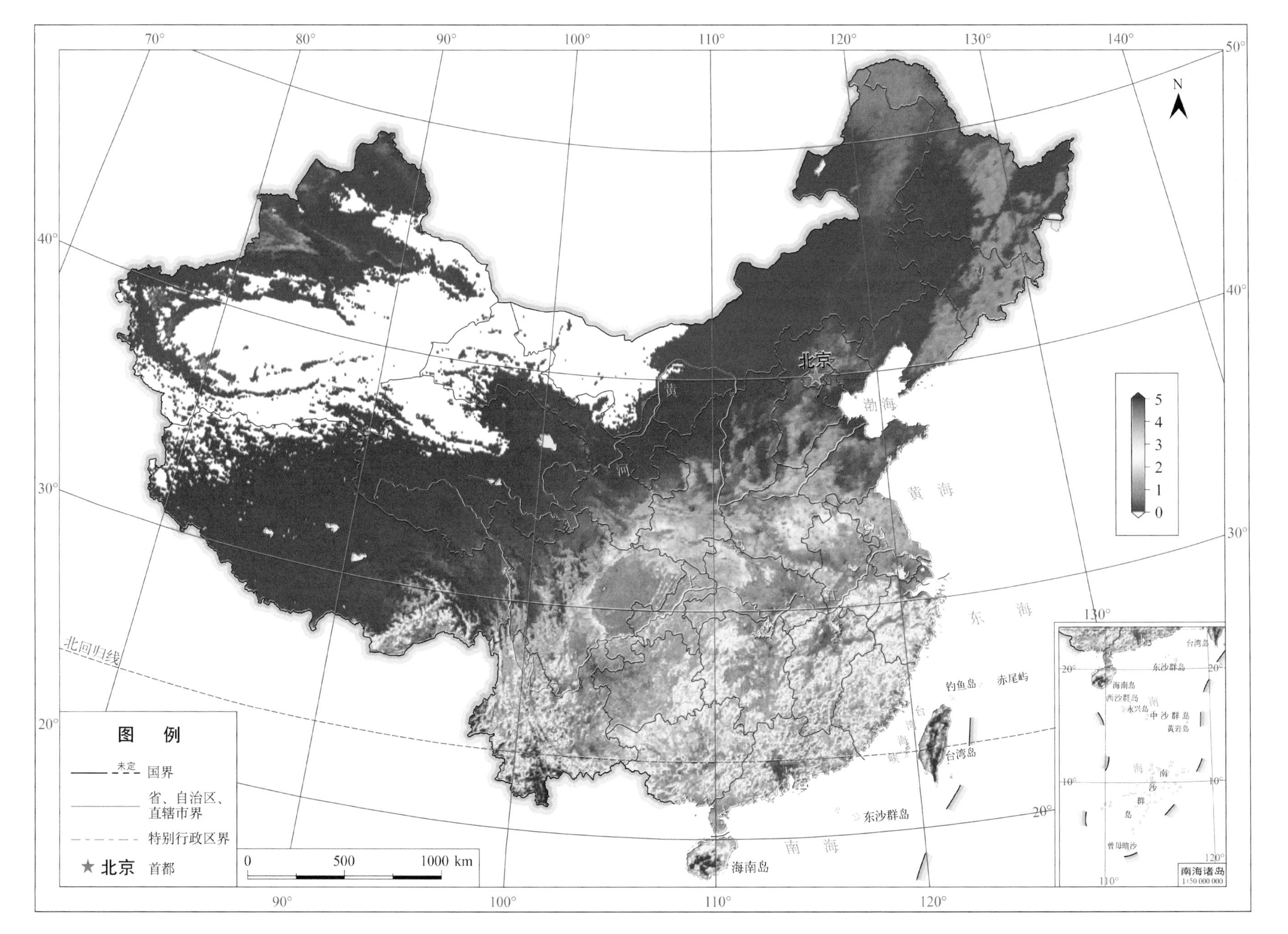


图 95　2003—2017 年平均 4 月叶面积指数空间分布

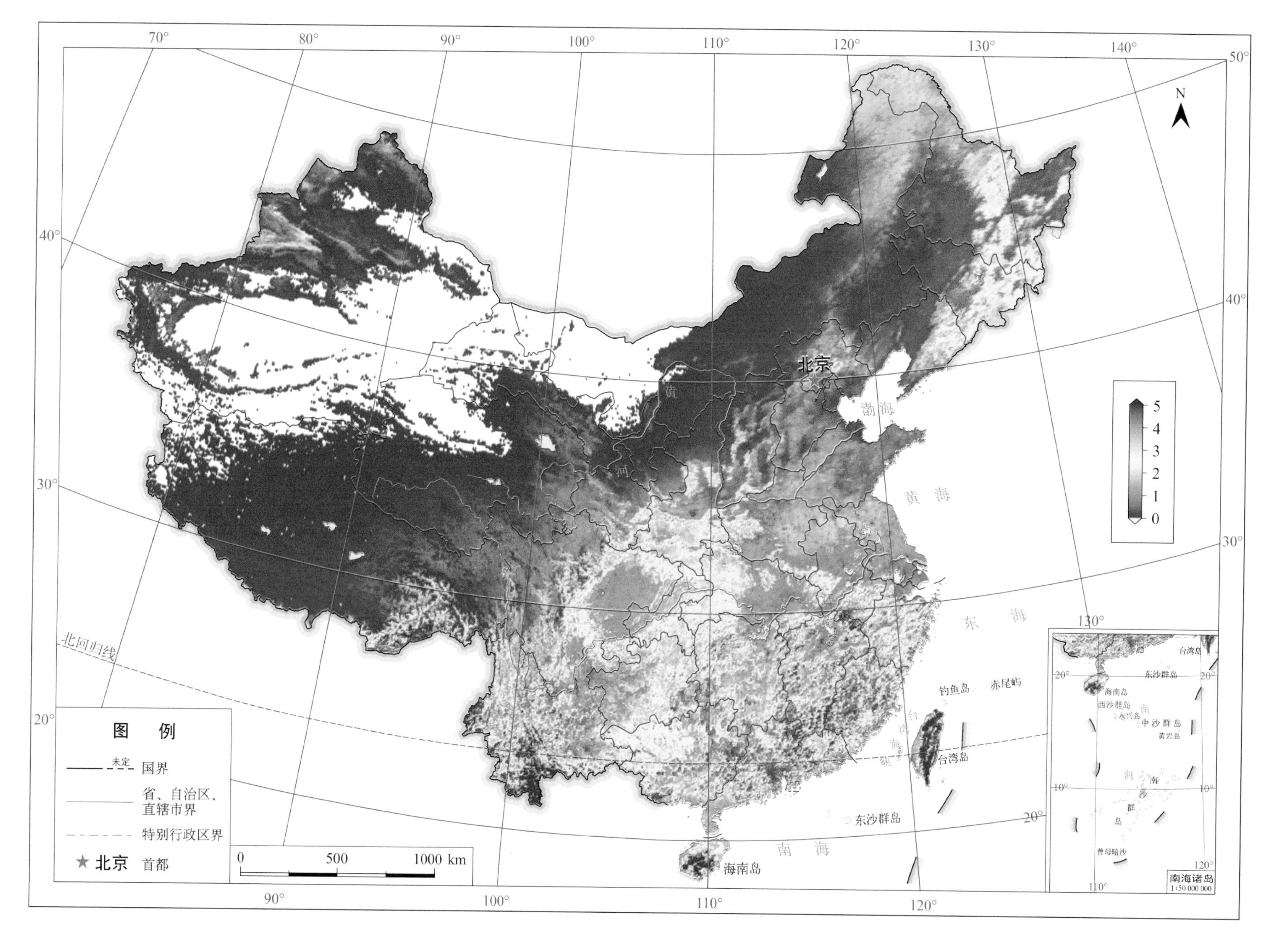


图96 2003—2017年平均5月叶面积指数空间分布

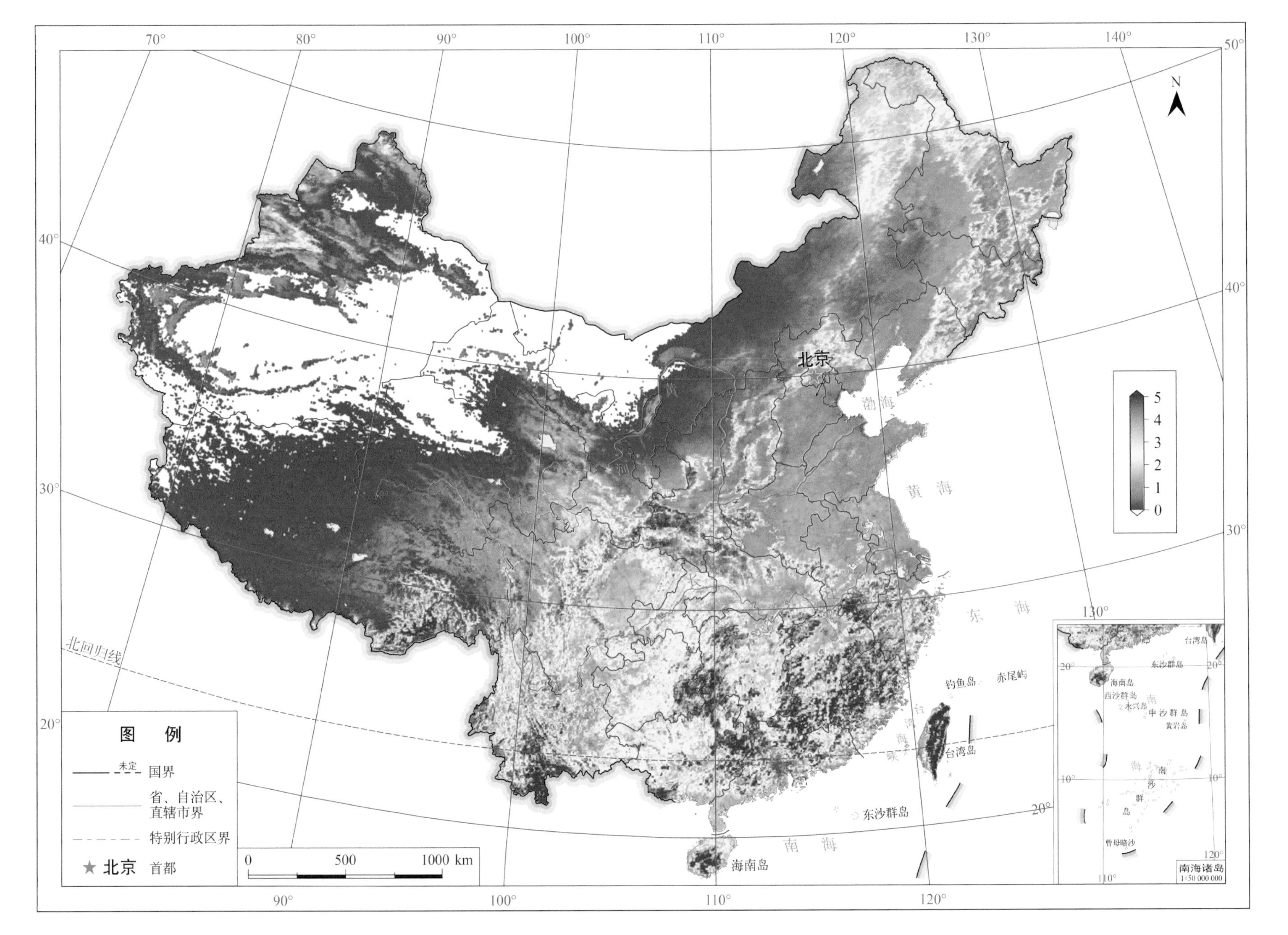


图 97 2003—2017 年平均 6 月叶面积指数空间分布

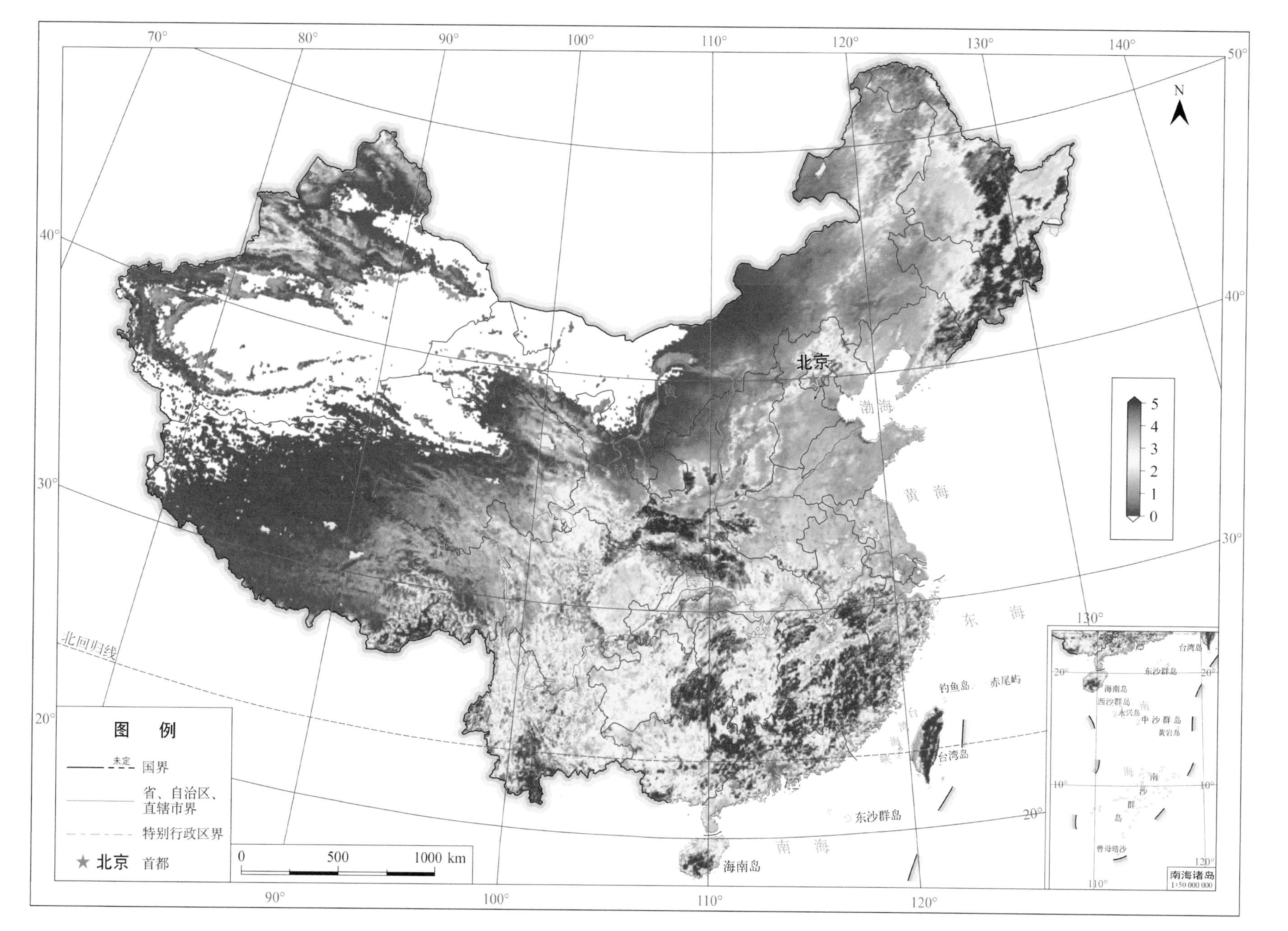


图98 2003—2017年平均7月叶面积指数空间分布

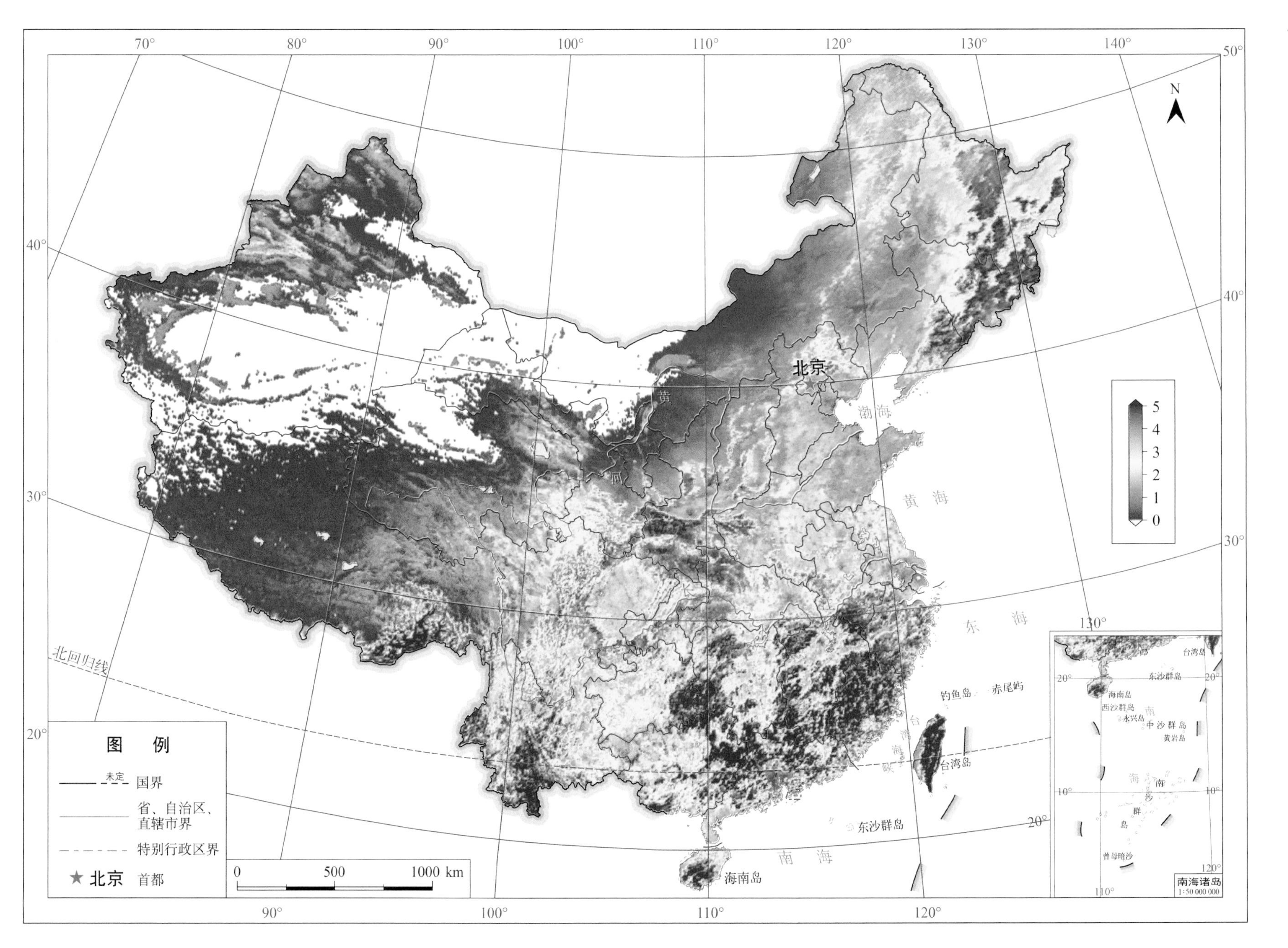


图99 2003—2017年平均8月叶面积指数空间分布

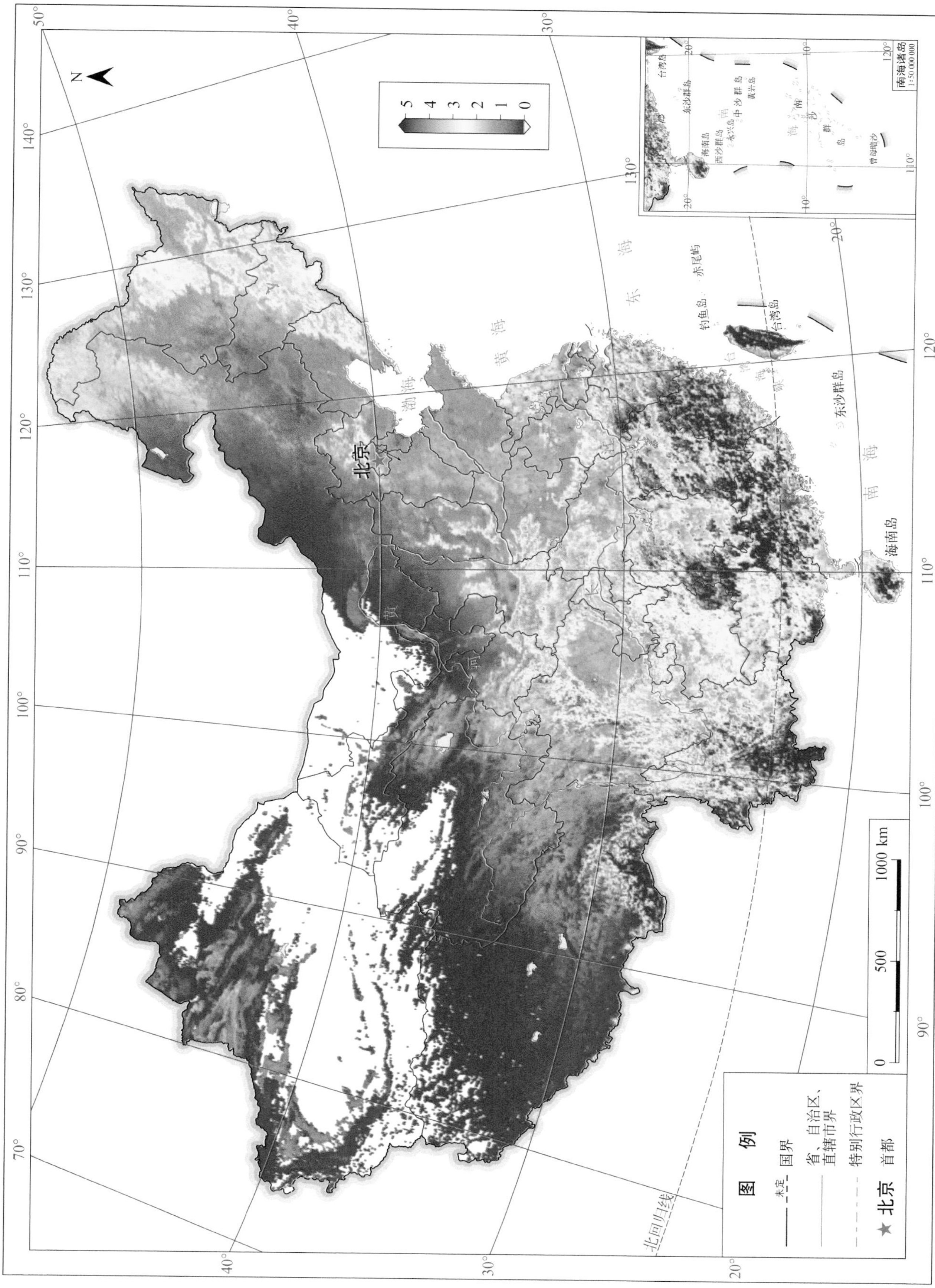

图 100 2003—2017 年平均 9 月叶面积指数空间分布

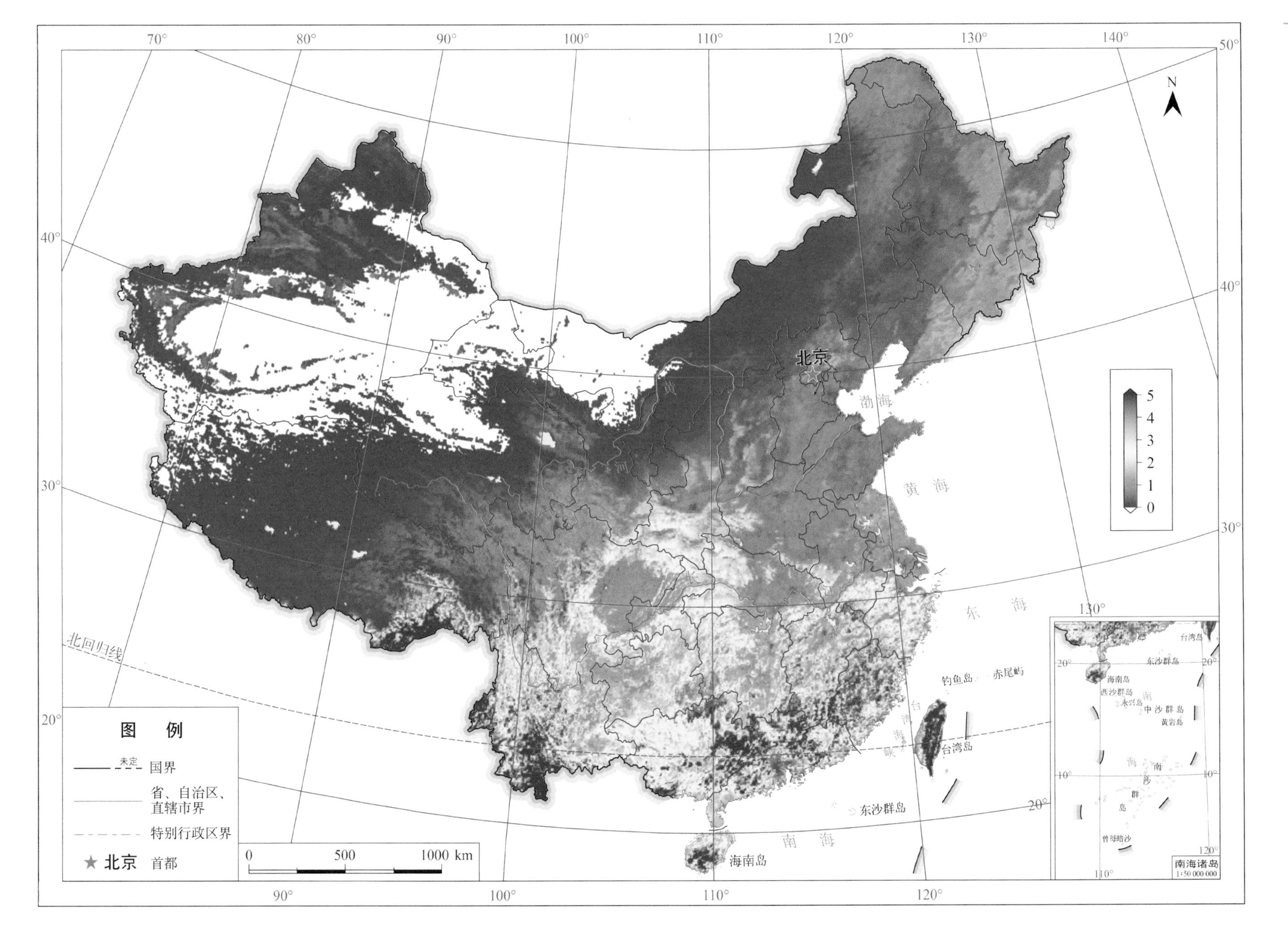


图 101 2003—2017 年平均 10 月叶面积指数空间分布

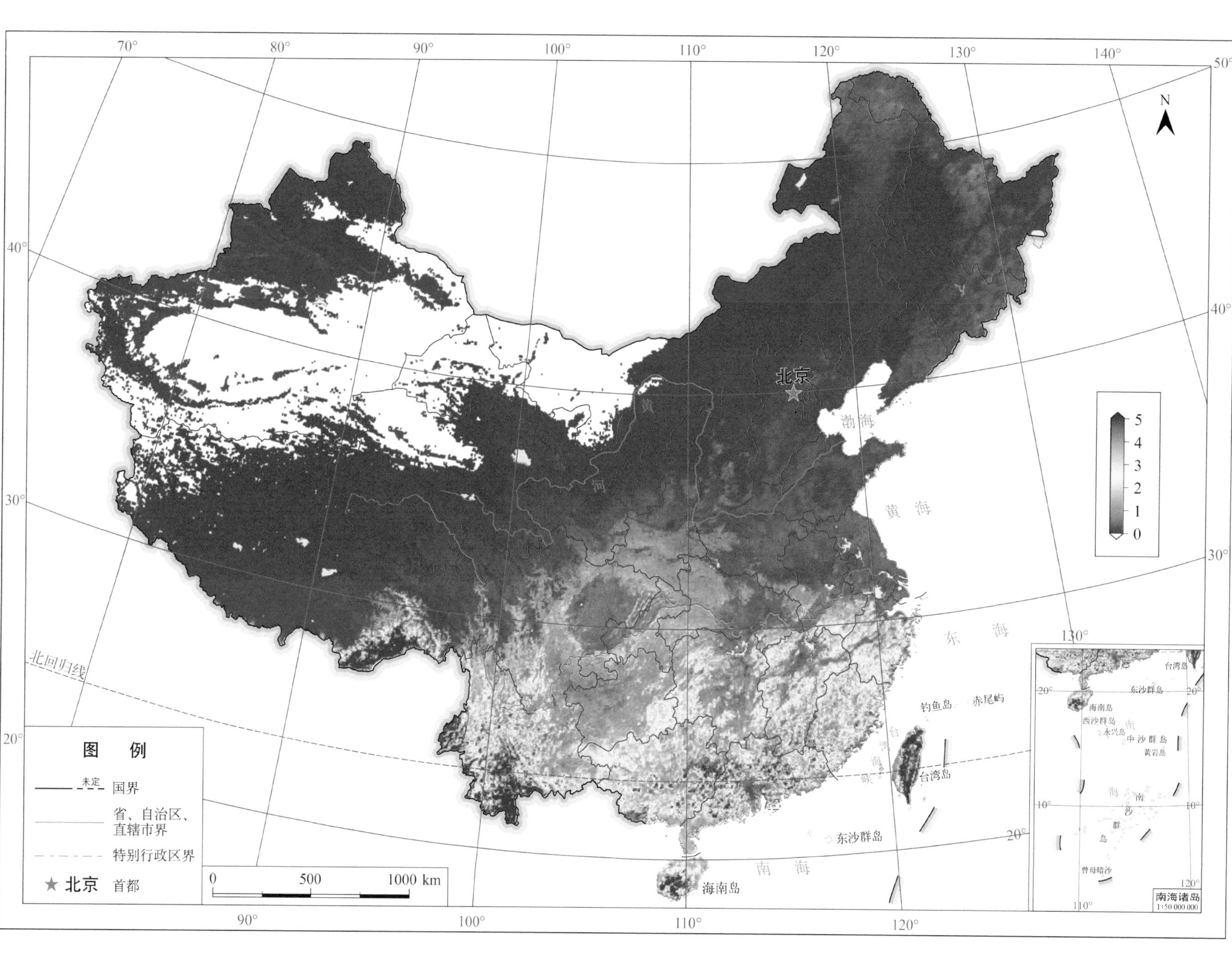


图102 2003—2017年平均11月叶面积指数空间分布

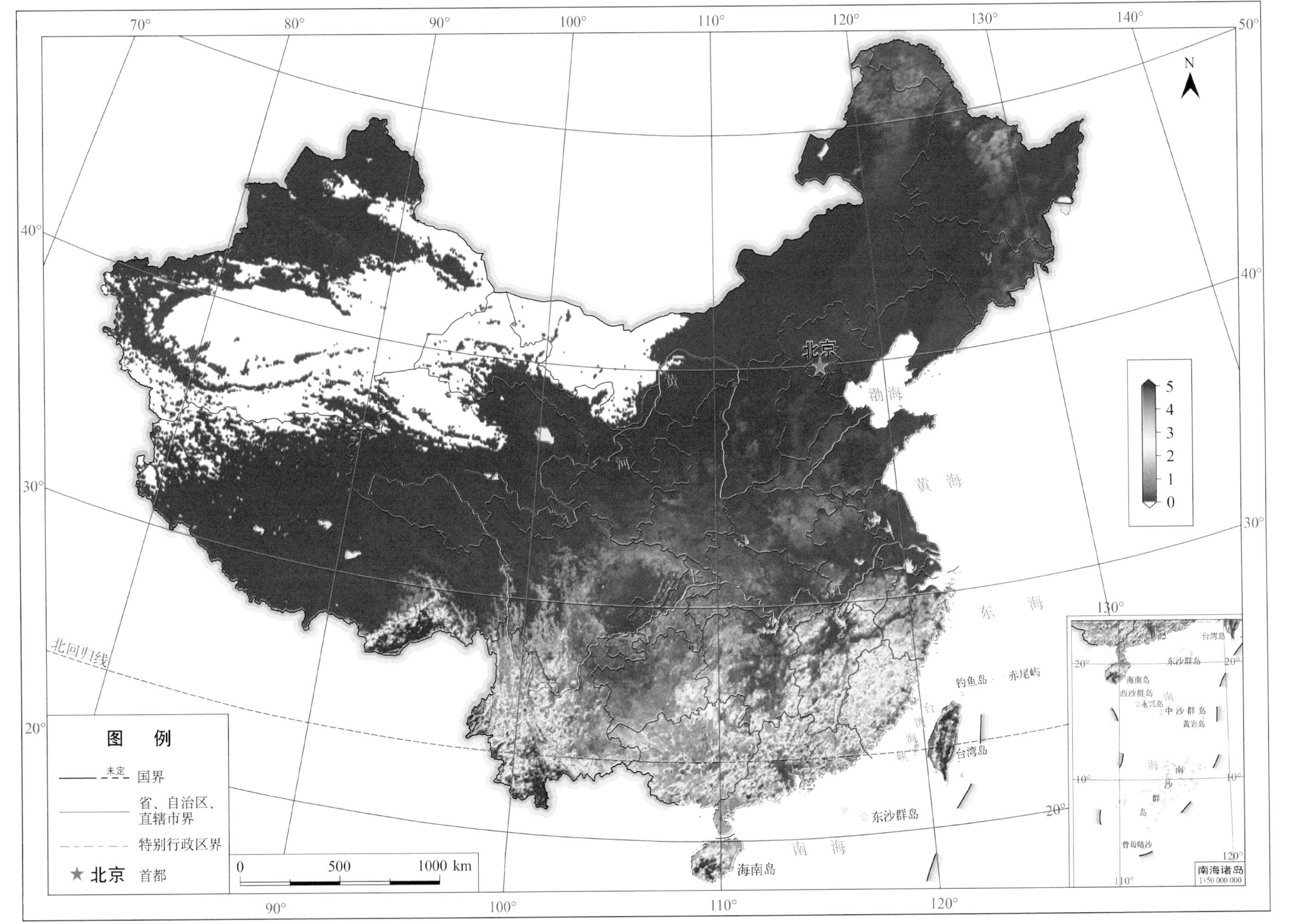


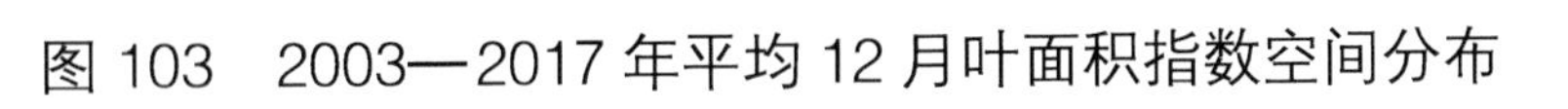
图 103 2003—2017 年平均 12 月叶面积指数空间分布

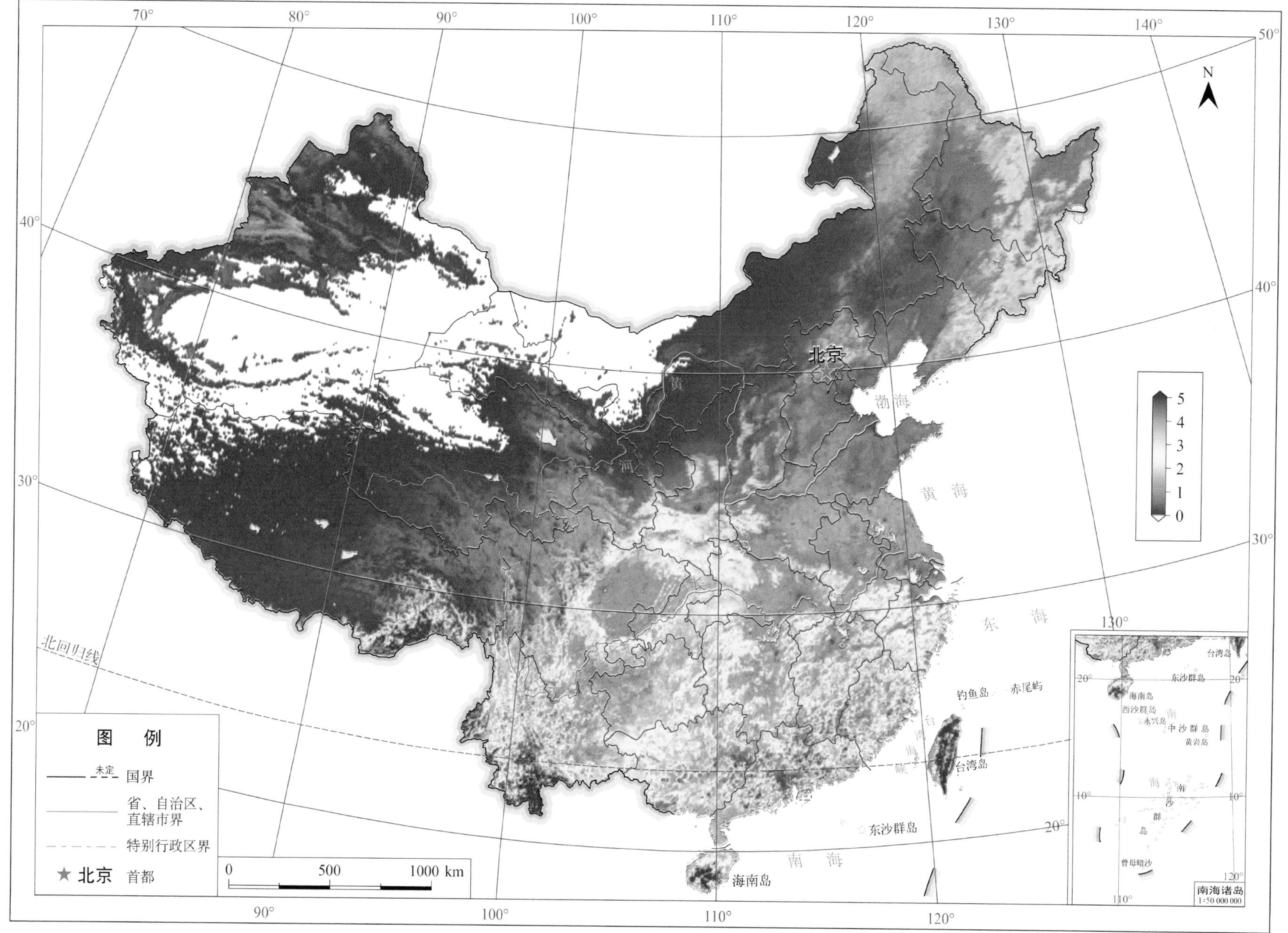


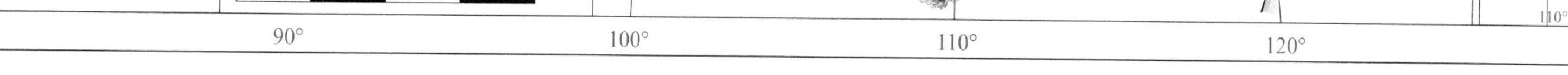
图 104 2003—2017 年平均年叶面积指数空间分布

# 图组 9

# 中国区域表层土壤水分时空分布

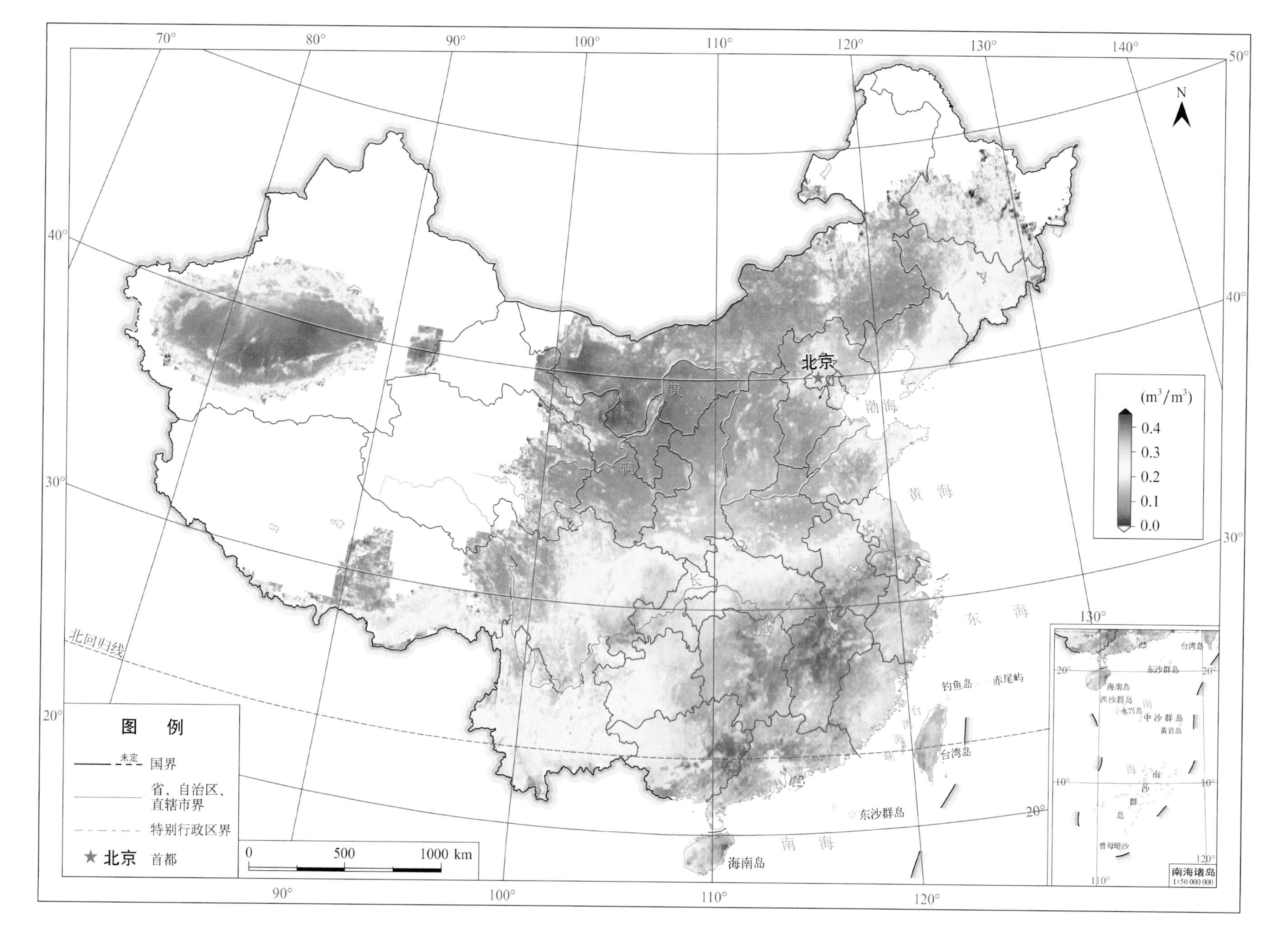


图105 2003—2017年平均1月表层土壤水分空间分布

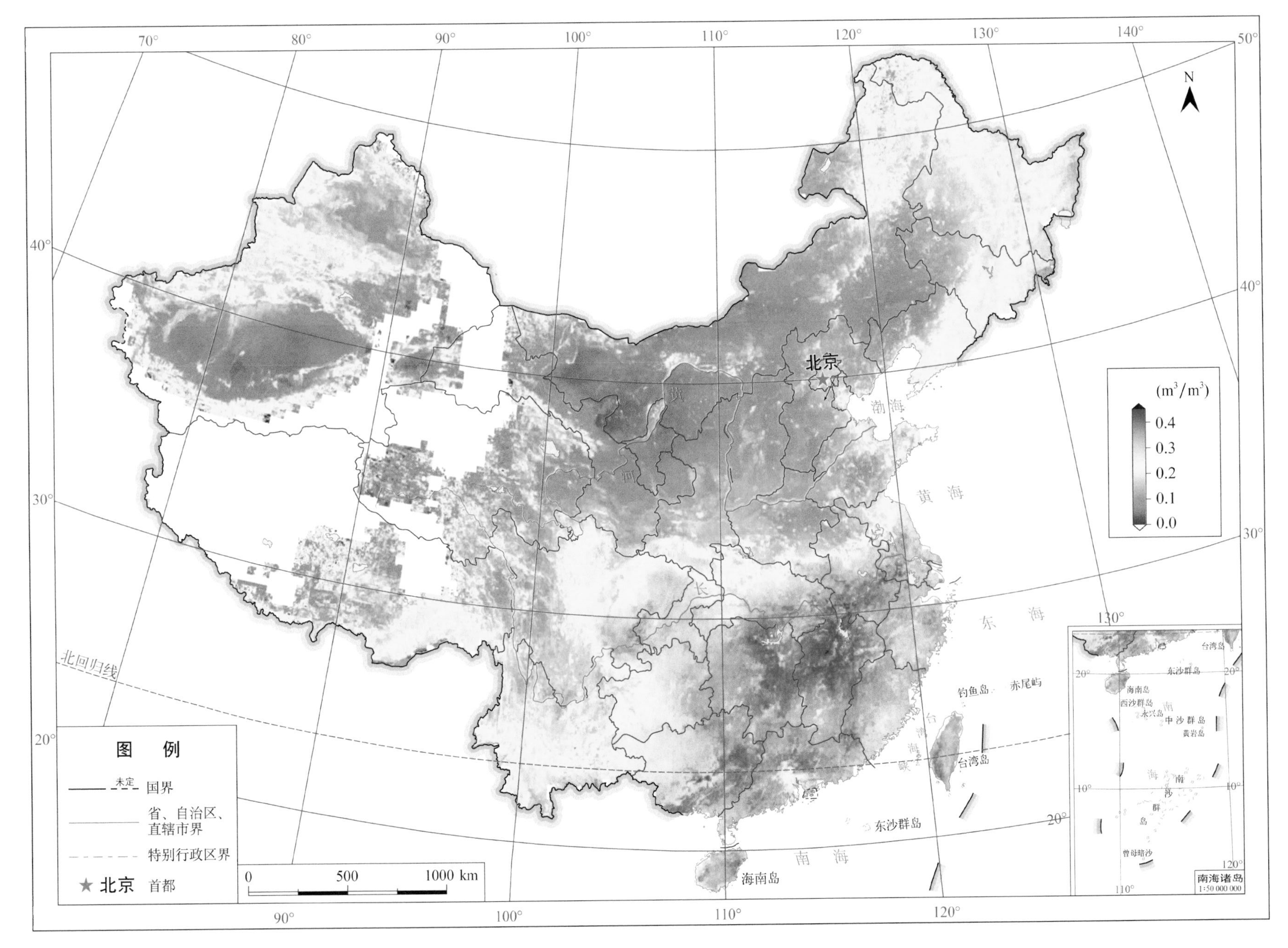


图 106　2003—2017 年平均 2 月表层土壤水分空间分布

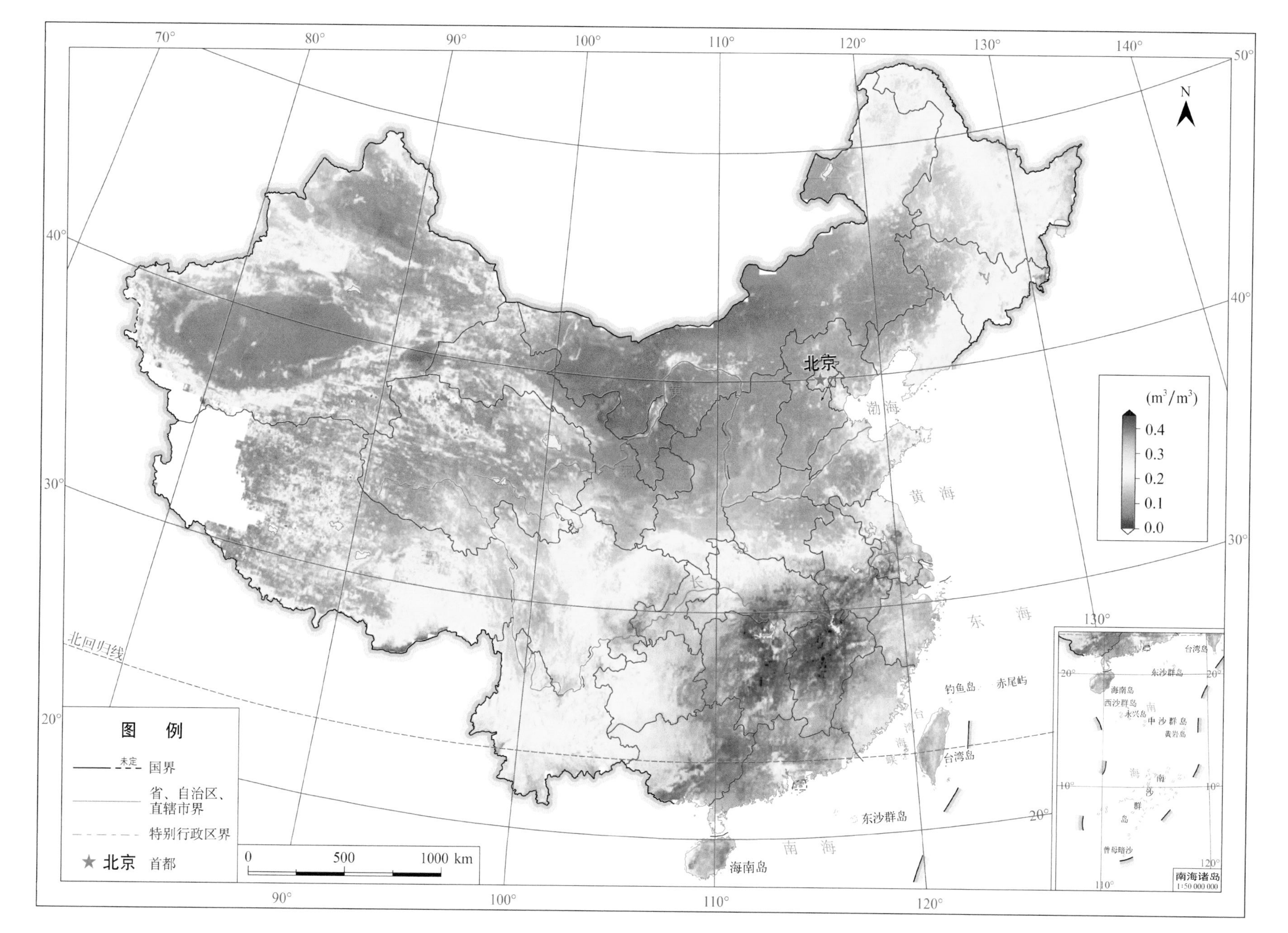


图107 2003—2017年平均3月表层土壤水分空间分布

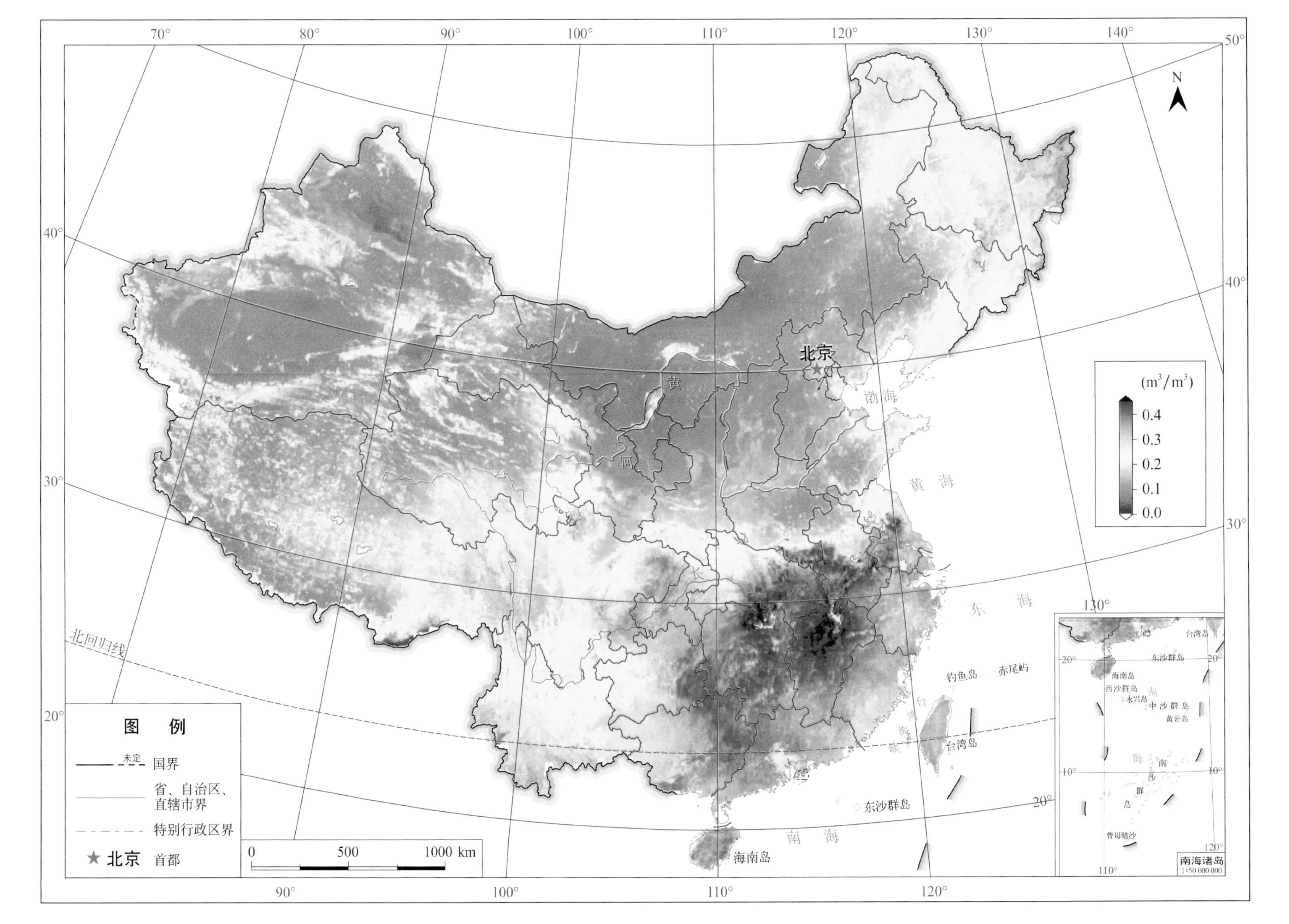


图 108　2003—2017 年平均 4 月表层土壤水分空间分布

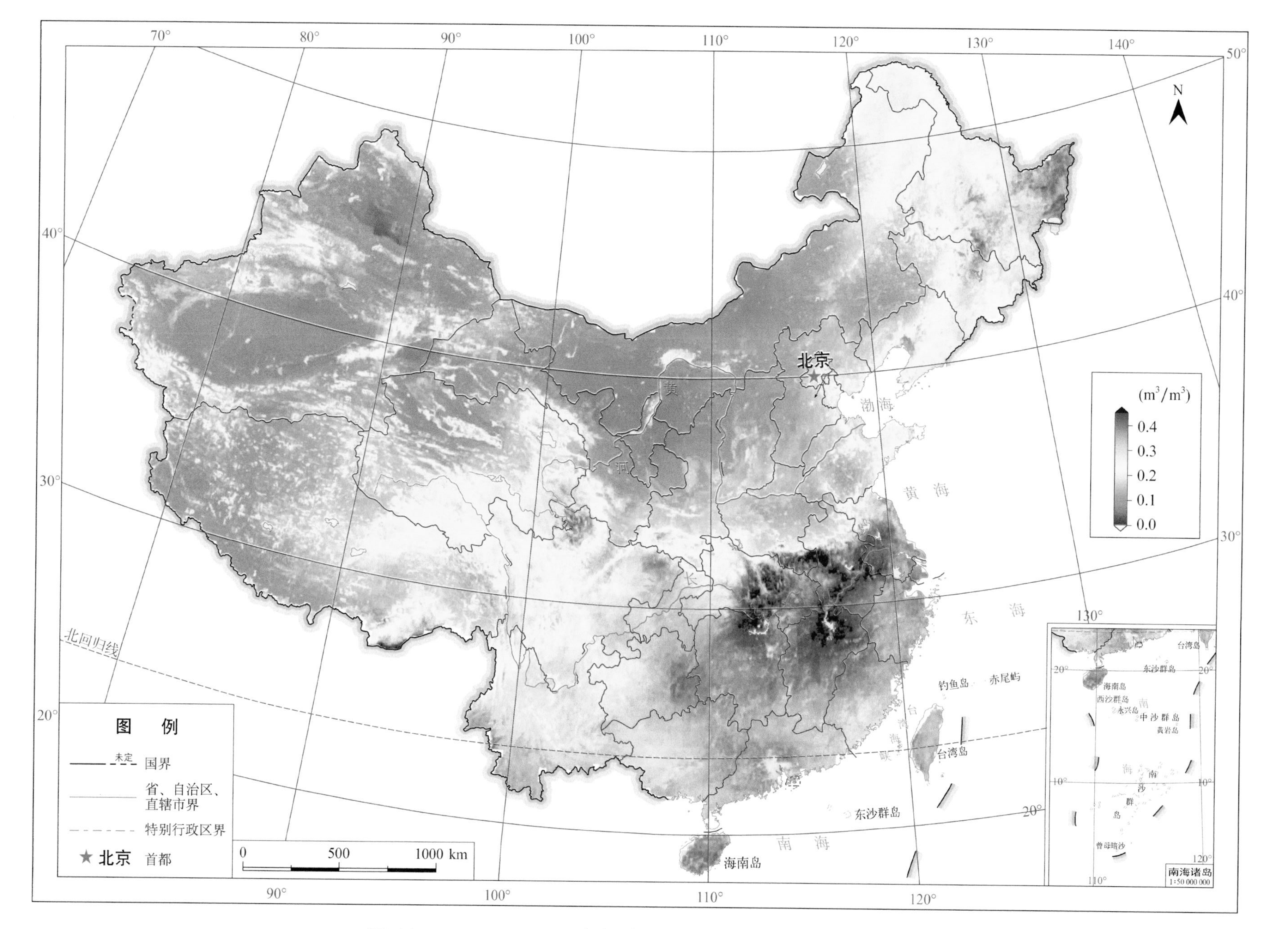


图 109 2003—2017 年平均 5 月表层土壤水分空间分布

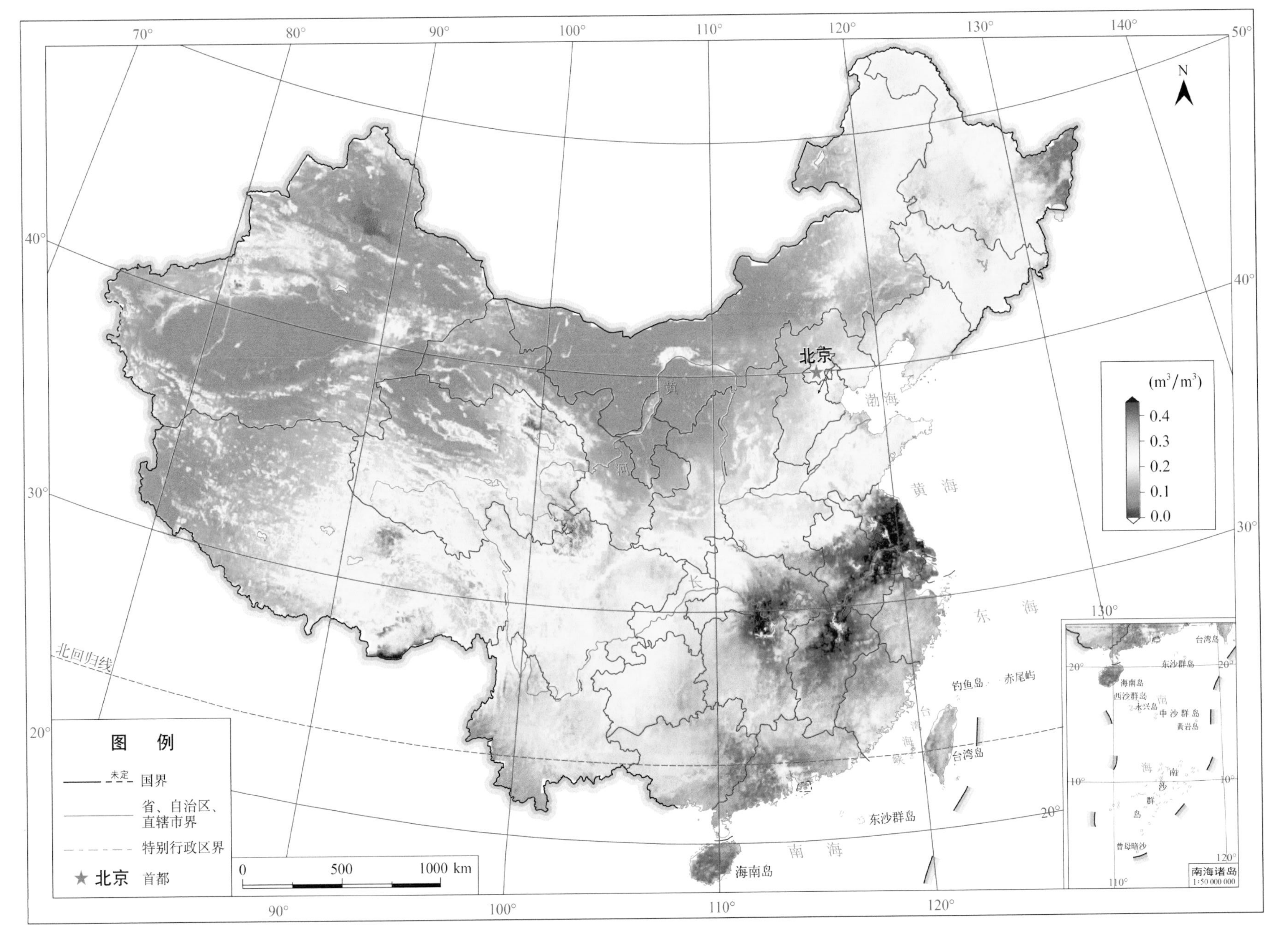


图 110　2003—2017 年平均 6 月表层土壤水分空间分布

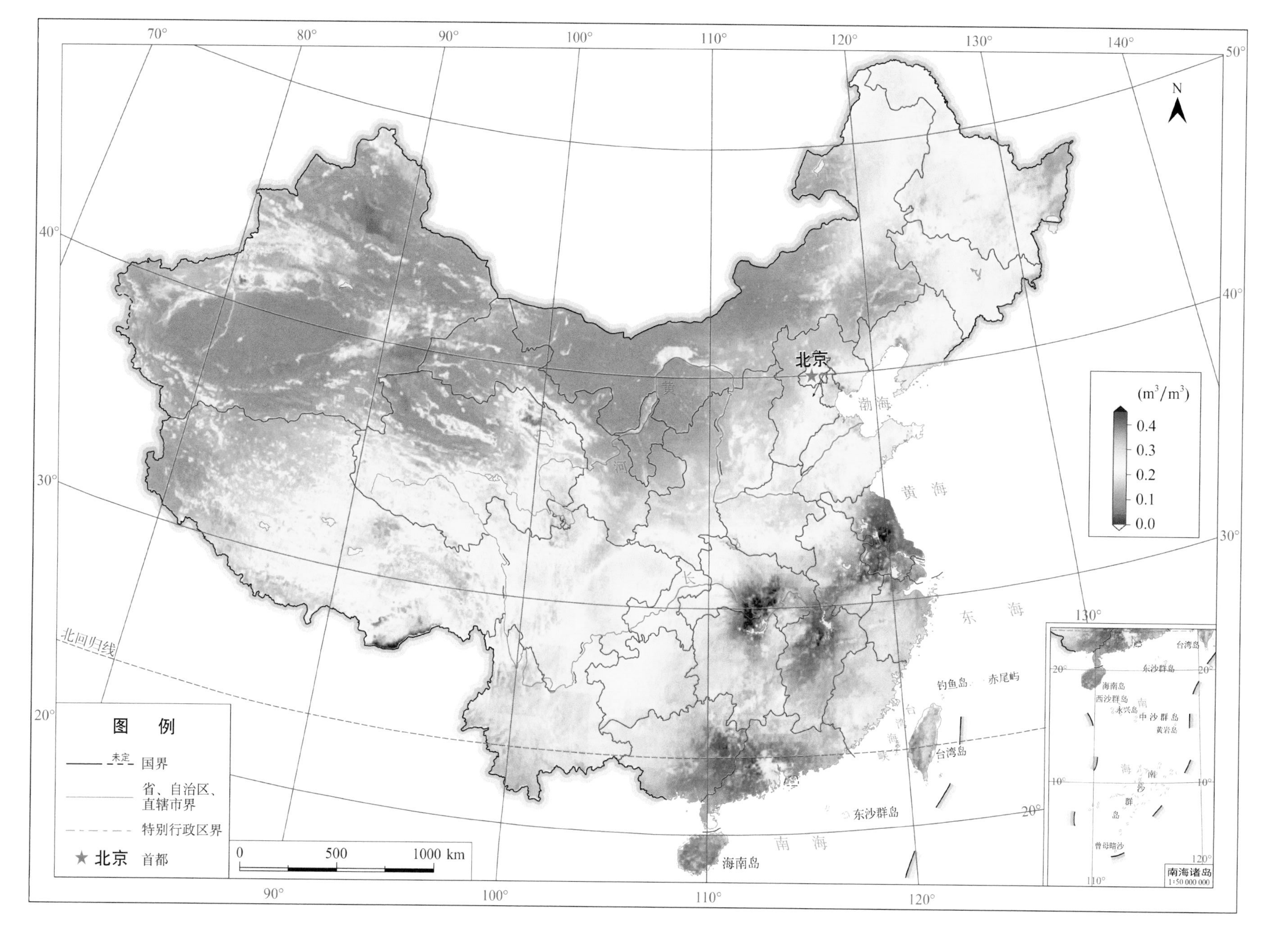


图 111　2003—2017 年平均 7 月表层土壤水分空间分布

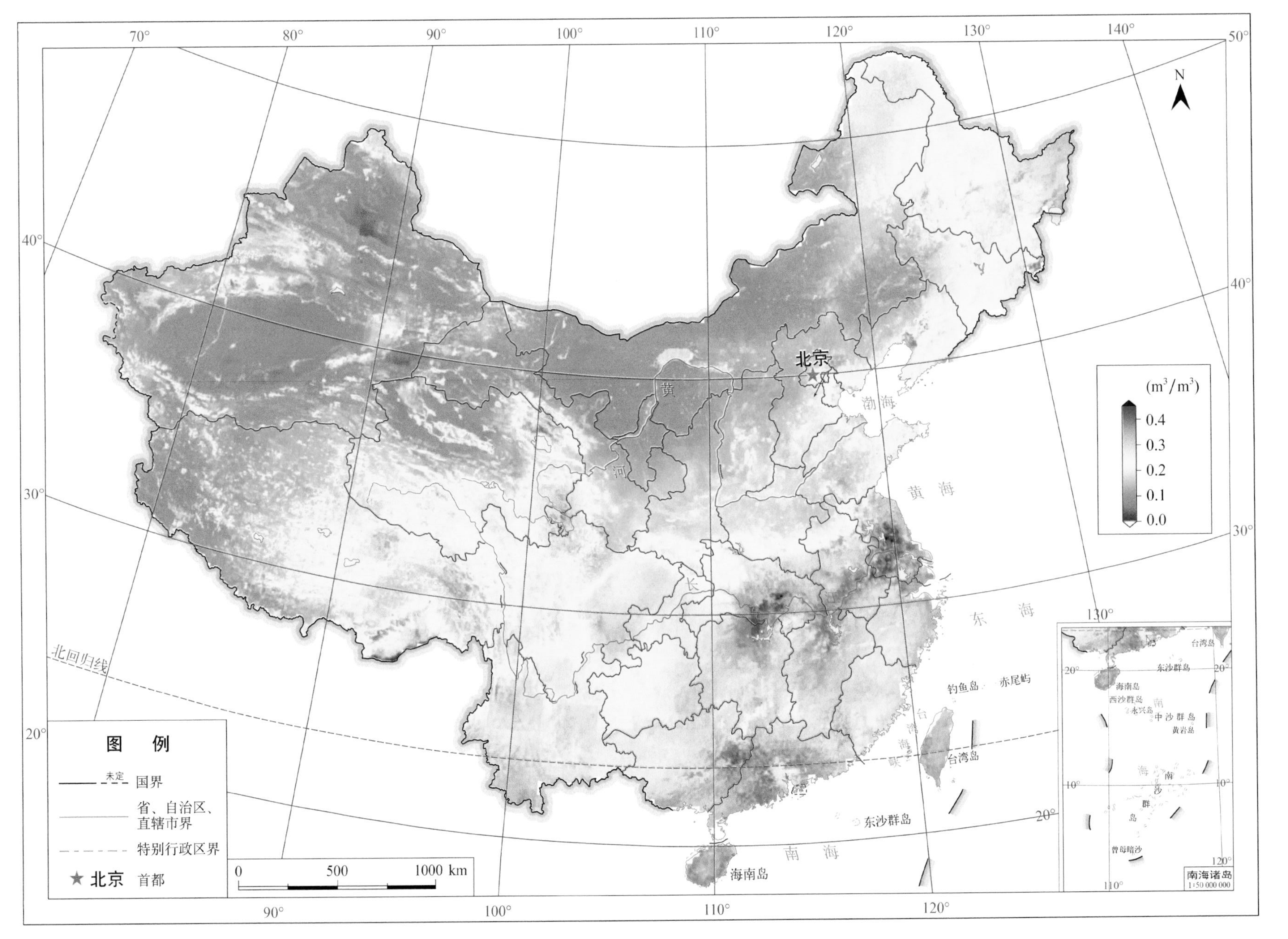


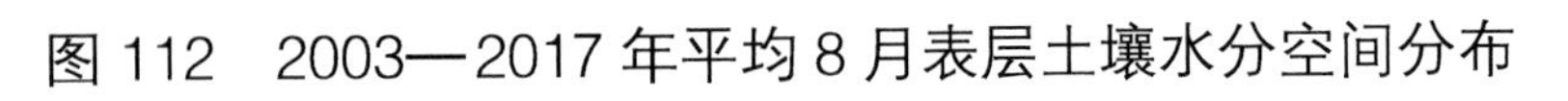
图112 2003—2017年平均8月表层土壤水分空间分布

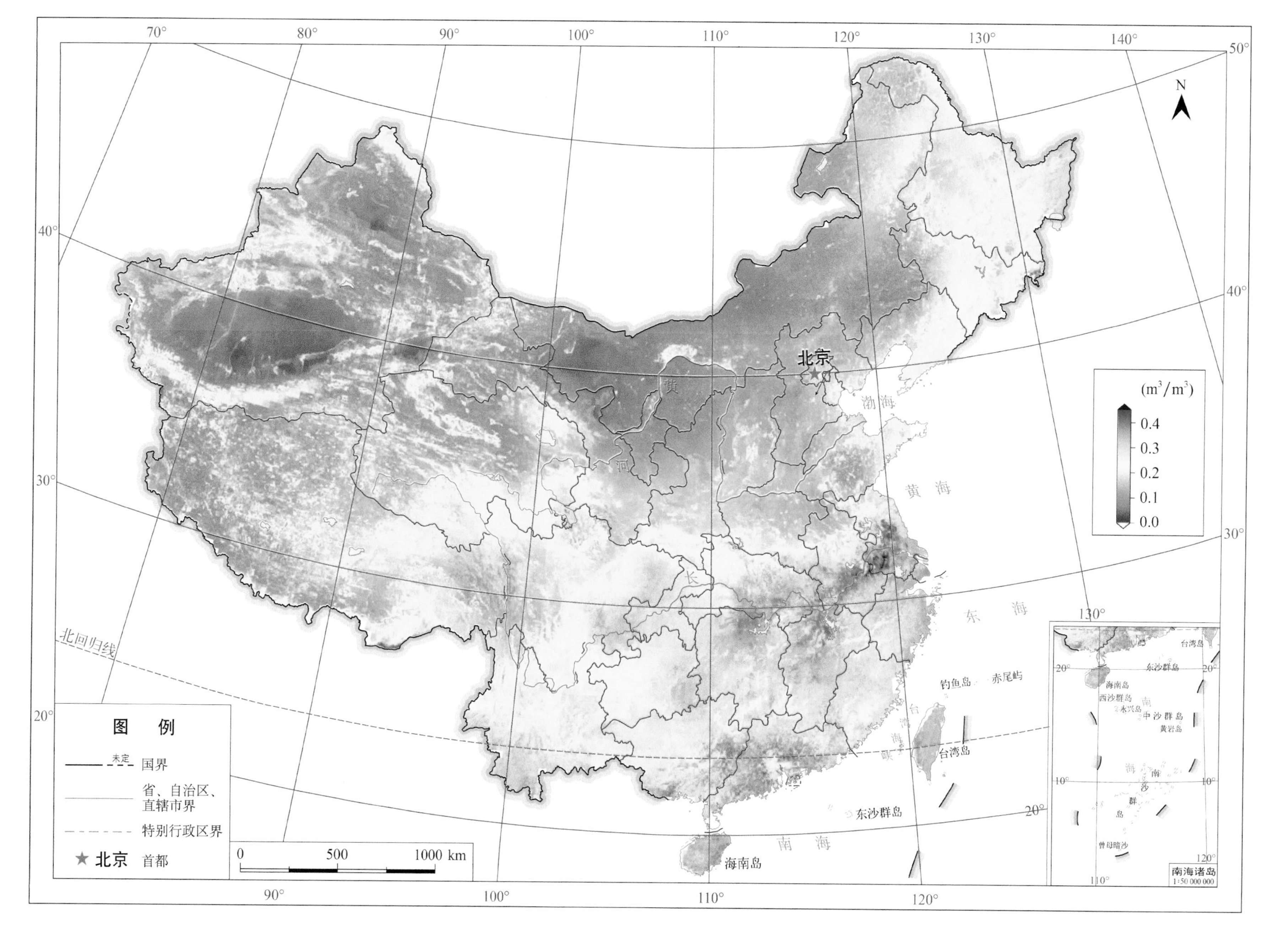


图 113 2003—2017 年平均 9 月表层土壤水分空间分布

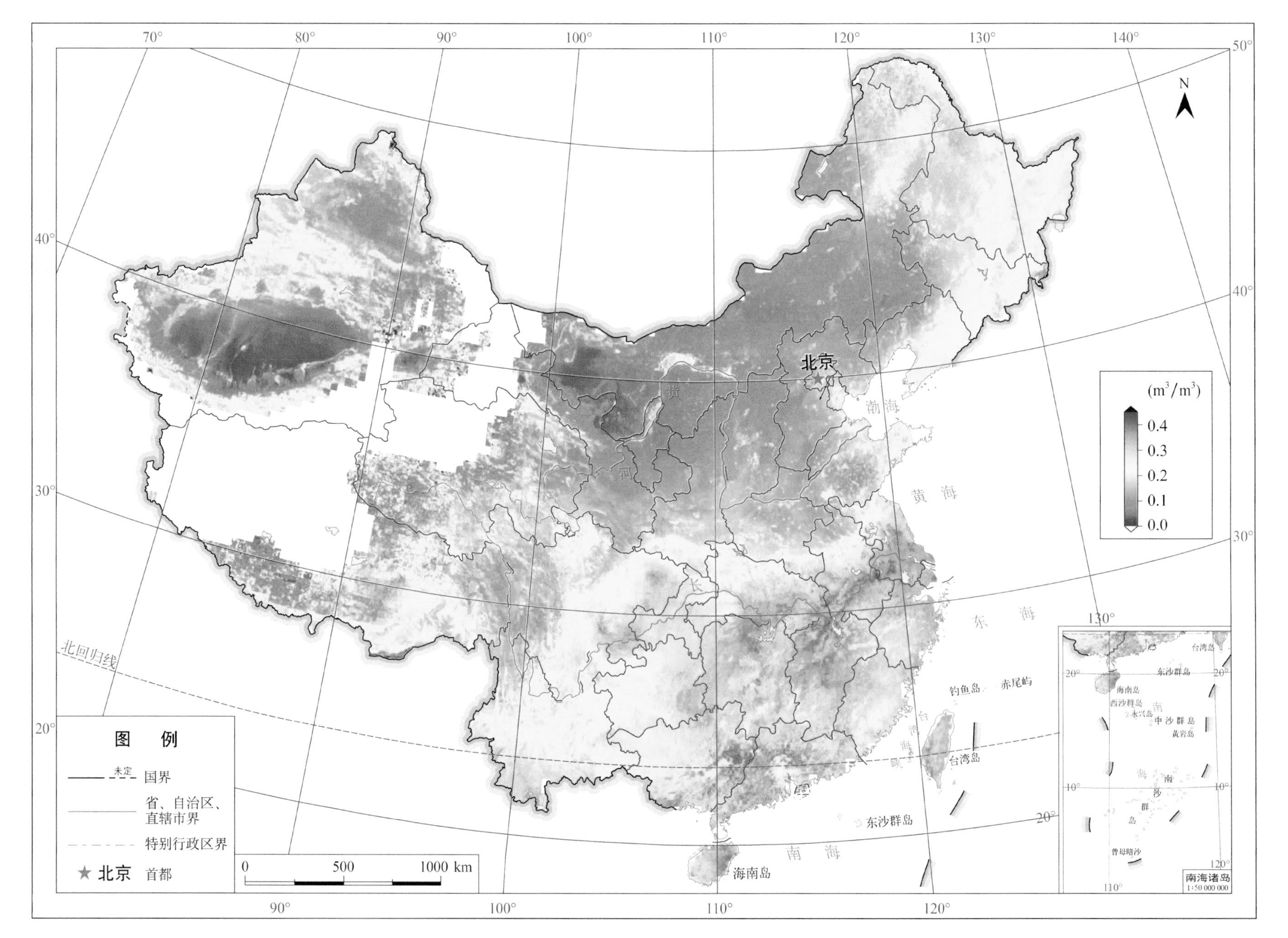


图 114　2003—2017 年平均 10 月表层土壤水分空间分布

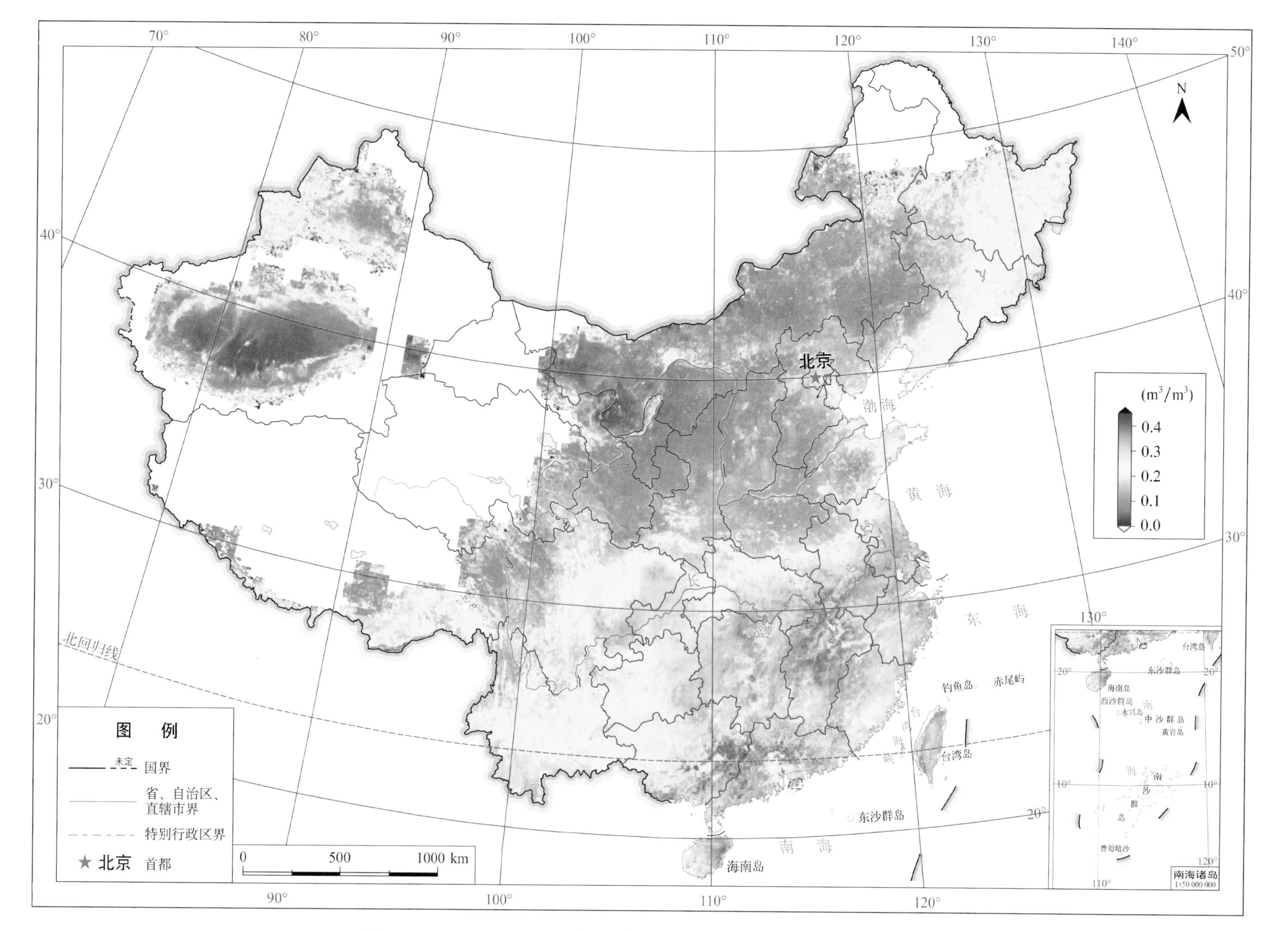


图 115　2003—2017 年平均 11 月表层土壤水分空间分布

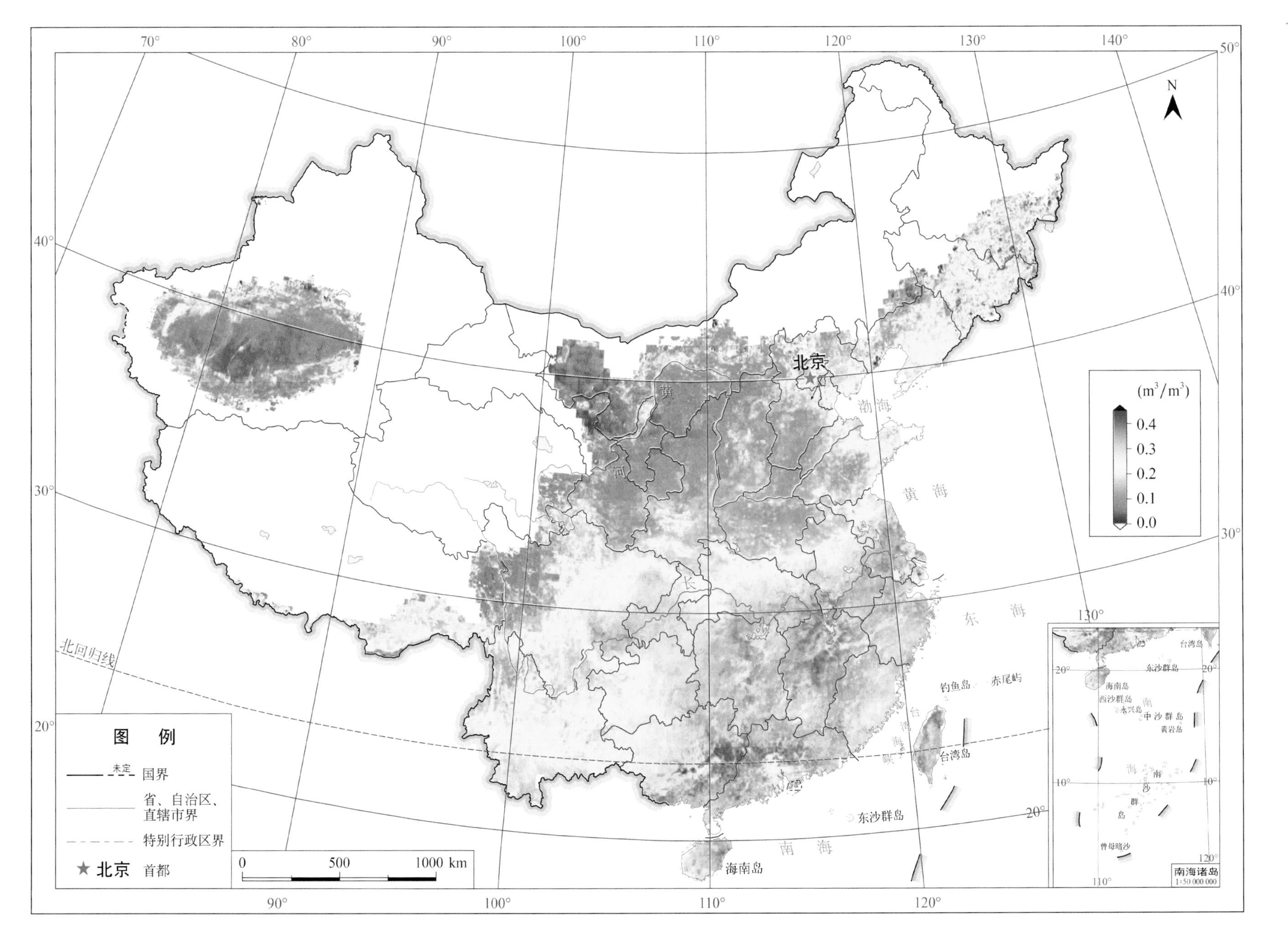


图 116 2003—2017 年平均 12 月表层土壤水分空间分布

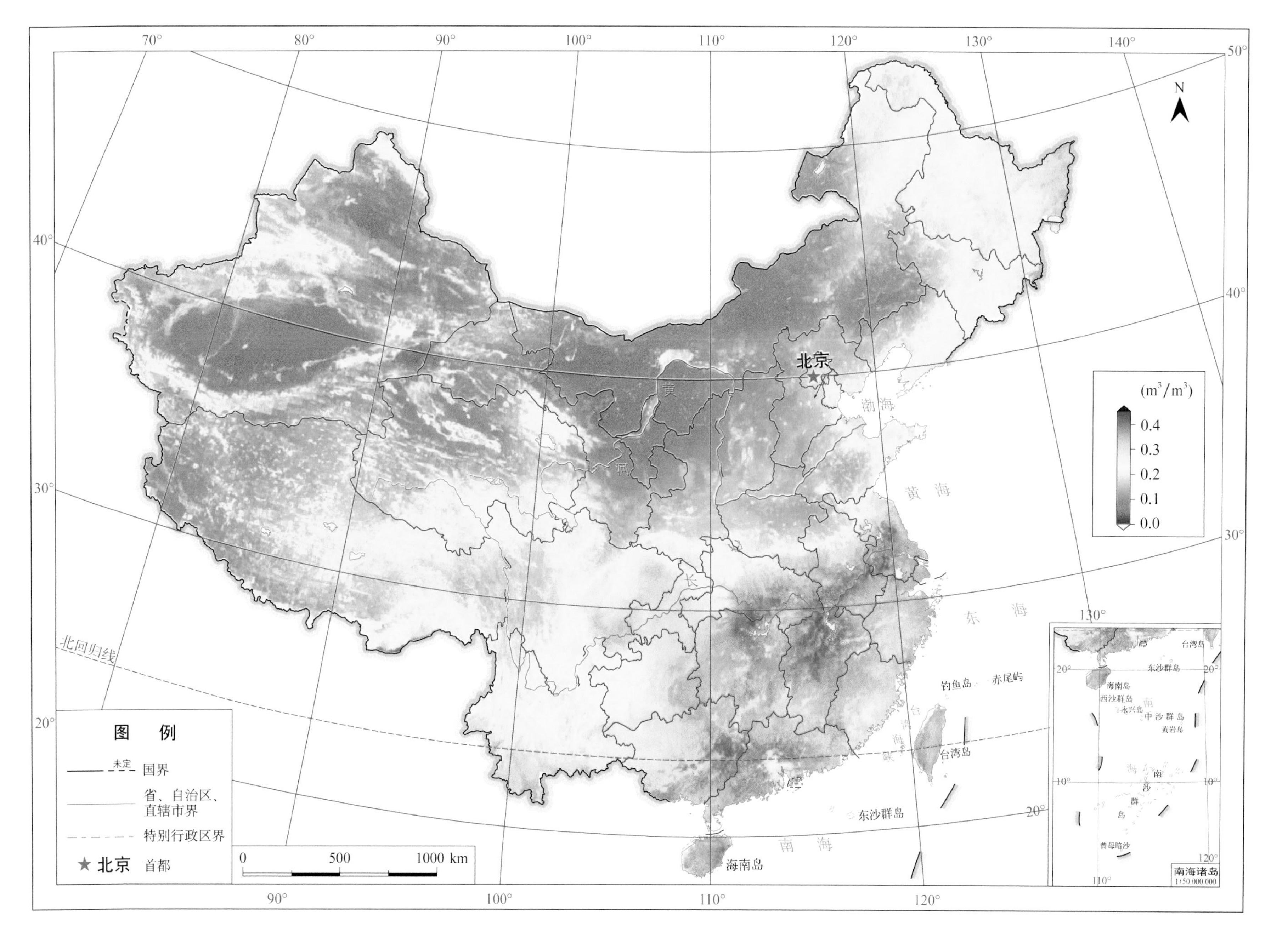


图 117 2003—2017 年平均年表层土壤水分空间分布